执业兽医资格考试

考前速记口袋书

（兽医全科类）

徐 亮 主编

★ 考前速记，高频考点

★ 思维导图，易懂易记

★ 随身携带，方便翻阅

中国农业出版社

北 京

编者名单

主　编　徐　亮

副主编　曹　雷　于志海　陈光明

编　者

兽医法律法规与职业道德考点总结	涂黎晴
动物解剖学、组织学及胚胎学考点总结	李方正
动物生理学考点总结	李庆梅
动物生物化学考点总结	郭　嫔
兽医病理学考点总结	陈光明
兽医药理学考点总结	肖华平
兽医微生物学与免疫学考点总结	王光锋
兽医传染病学考点总结	于志海
兽医寄生虫学考点总结	侯显涛
兽医公共卫生学考点总结	王福红
兽医临床诊断学考点总结	于志海
兽医内科学考点总结	张　伟

　　编纂本书的初衷，旨在帮助考生解决考试内容太多、考试指导书太厚、记笔记太麻烦的问题。故此，元牧教育特邀讲师对考试大纲进行分析，摘取了19个考试科目中分值高、考频高的知识点，采用易懂、易记的表格、思维导图、图片等形式汇总成了这本《执业兽医资格考试考前速记口袋书》。

　　顾名思义，本书适用于有一定基础且复习过一定时间的考生在考前迅速回顾知识点。受篇幅所限，许多考试偶尔会考到但是考频不高，或是分值太低的知识点，在本书中都没有出现，需要考生自行补充记忆，或者配合考试指导书等备考效果更佳。

　　本书可以随身携带，方便随时翻阅复习，希望能帮助考生顺利通过考试，拿到执业兽医资格证书。

英文缩写	中文全称
ACTH	促肾上腺皮质激素
ADCC	抗体依赖性细胞介导的细胞毒作用
AMP	单磷酸腺苷
ASF	非洲猪瘟
BCR	B 细胞抗原受体
CMP	胞苷单磷酸
CoA	辅酶 A
CRH	促肾上腺皮质激素释放激素
CTL	细胞毒性 T 淋巴细胞
Cyt	细胞色素
dAMP	脱氧单磷酸腺苷

（续）

英文缩写	中文全称
dCMP	脱氧单磷酸胞苷
DDT	双对氯苯基三氯乙烷
dGMP	脱氧单磷酸鸟苷
dNTP	脱氧核糖核苷三磷酸
dTMP	脱氧单磷酸胸苷
E_2	雌二醇
eCG	马属动物绒毛膜促性腺激素
EHEC	出血性大肠杆菌
EIEC	侵袭性大肠杆菌
EPEC	致病性大肠杆菌
ETEC	肠毒性大肠杆菌
$FADH_2$	还原型黄素二核苷酸
FSH	促卵泡激素
G^-	革兰氏阴性菌

（续）

英文缩写	中文全称
G^+	革兰氏阳性菌
GABA	γ-氨基丁酸
GH	生长激素
GMP	单磷酸鸟苷
GnRH	促性腺激素释放激素
Hb	血红蛋白
hCG	人绒毛膜促性腺激素
HHb	脱氧血红蛋白
HbO_2	氧合血红蛋白
IPAF	自身免疫特征的间质性肺炎
KHb	血红蛋白钾盐
$KHbO_2$	氧合血红蛋白钾盐
LH	促黄体生成素
LT	白三烯

（续）

英文缩写	中文全称
NADH	还原型辅酶Ⅰ
NADPH	还原型辅酶Ⅱ
NLR	NOD样受体
P4	孕酮
PAF	血小板活化因子
PBKF核群	臂旁内侧核和相邻的Kolliker-Fuse核的合称
PCD	细胞程序性死亡
PCO_2	二氧化碳分压
PCV	猪圆环病毒
PG	前列腺素
PO_2	血氧分压
PPV	猪细小病毒
PR	伪狂犬病
PRL	催乳素

（续）

英文缩写	中文全称
PRRSV	猪繁殖与呼吸综合征病毒
PST	酞磺胺噻唑
SD	磺胺嘧啶
SG	磺胺脒
SM2	磺胺二甲嘧啶
SMD	磺胺甲氧嘧啶
SMM	磺胺间甲氧嘧啶
SMZ	磺胺甲噁唑
SPA	葡萄球菌 A 蛋白
SQ	磺胺喹噁啉
SST	琥珀磺胺噻唑
TDTH	迟发性超敏反应
UDPG	尿苷二磷酸葡萄糖
UMP	尿苷单磷酸
VFA	挥发性脂肪酸
WOAH	世界动物卫生组织

目 录 CONTENTS

▶▶ 考点一 《中华人民共和国动物防疫法》概述

行政机构

◆ 国务院农业农村主管部门

①主管全国的动物防疫工作。

②对动物疫病状况进行风险评估，制定相应预防、控制措施。

③向社会及时公布全国动物疫情。

◆ 县级以上地方人民政府农业农村主管部门

①主管本行政区域内的动物防疫工作。

②组织实施动物疫病强制免疫计划。

③动物疫情的认定（重大疫情省来定）。

"大哥管全国，小弟管地方；大哥管制定，小弟管执行。"

◆ 县级以上动物卫生监督机构负责动物、动物产品的检疫工作。

◆ 县级以上动物疫病预防控制机构承担动物疫病的监测、检测、诊断、流行病学调查、疫情报告及其他预防、控制等技术工作。

动物卫生监督机构管动物及产品检疫
动物疫病防控机构管疫病监测

◆ 接受动物疫情报告的主体

a. 当地的农业农村主管部门；

b. 动物疫情预防控制机构。

◆ 当地县级以上人民政府发布和解除封锁令；实施控制和扑灭措施；县级以上农业农村主管部门划定疫点、疫区和受威胁区。

▶▶ **考点二　动物疫病防控工作的方针预防为主**

▶▶ **考点三　动物疫情划为 4 个级别**

特大重大（Ⅰ级）	红色
重大（Ⅱ级）	橙色
较大（Ⅲ级）	黄色
一般（Ⅳ级）	蓝色

▷▷ 考点四

经营动物、动物产品的集贸市场不需要取得《动物防疫条件合格证》，但需符合规定的动物防疫条件。

▷▷ 考点五　病死动物和危害动物产品无害化处理的主体责任

（1）死亡动物的收集、处理

发现死亡动物的环境	责任部门
在水域发现死亡畜禽	所在地县人民政府收集、处理并溯源
城市公共场所、乡村	所在地街道办事处、乡级人民政府
野外环境	所在地野生动物保护主管部门（无溯源）

（2）动物和动物集中无害处理建设规划及运作机制

政府主导、市场运作

▷▷ 考点六　申报相关

货主主要职责如下。

①向无规定动物疫病区输入的，向输入地隔离场所所在地动物卫生监督机构申报检疫。

②跨省、自治区、直辖市引进的，应向输入地动物卫生监督机构申请办理手续；运输前向当地动物卫生监督机构申报检疫(乳用、种用除外)。

▶▶ 考点七 申报时限

(1) 离开产地前

①出售或运输动物、动物产品的，货主应当提前3d向所在地动物卫生监督机构申报检疫。

②出售、运输乳用动物及其精液、卵、胚胎、种蛋，以及参加展览、演出和比赛的动物，申报时间不做要求。

③向无规定动物疫病区输入相关易感动物及生产品的，货主除向输出地动物卫生监督机构申报检疫外，还应在启运3d前向输入地动物卫生监督机构申报。

(2) 屠宰动物　提前6h向当地动物卫生监督机构申报检疫。急宰动物的，可以随时申报。

产地检疫处理：向无规定动物疫病区输入相关易感动物，应当在输入地省级动物卫生监督机构指定的隔离场所进行隔离，隔离检疫期为30d。隔离检疫合格的，由隔离场所所在地县级动物卫生监督机构的官方兽医出具动物检疫证明。

▶▶ 考点八 执业兽医及动物诊疗活动机构

应具备的条件如下。

（1）符合规定的场所。

（2）动物诊疗场所选址距离动物饲养场、动物屠宰加工场所、经营动物产品的集贸市场不少于200m。

（3）动物诊疗场所设有独立的出入口，出入口不得设在居民住宅楼内或者院内，不得与同一建筑物的其他用户共用通道。

（4）具有布局合理的诊疗室、隔离室、药房等功能区。

（5）具有诊断、消毒、冷藏、常规化验、污水处理等器械设备。

（6）具有诊疗废弃物暂存处理设施，并委托专业处理机构处理。

（7）具有染疫或者疑似染疫动物的隔离控制措施制度及设施设备。

（8）具有与动物诊疗活动相适应的执业兽医。

（9）具有完善的诊疗服务、疫情报告、卫生安全防护、消毒、隔离、诊疗废弃物暂存、兽医器械、兽医处方、药物和无害化处理等管理制度。

动物医院除具备上述条件外，还应当具备下列条件：①具有三名以上执业兽医师；②具有X线机或者B超机等器械设备；③具有布局合理的手术室和手术设备。除前款规定的动物医院外，其他动物诊疗机构不得从事动物颅腔、胸腔和腹腔手术。

动物诊疗机构应当使用规范的名称。未取得相应许可的，不得使用"动物诊所"或者"动物医院"的名称。

◆**执业场所** 执业兽医应当在备案的动物诊疗机构执业，但会诊、支援、应邀出诊、急救除外。

◆**执业权限** **执业兽医师**：能开处方、写诊断书、出具证明。**执业助理兽医师**：上述不可以。

◆**执业兽医职业道德的内容** 奉献社会、爱岗敬业、诚实守信、服务群众、爱护动物。其中，奉献社会是最高境界；爱岗敬业、诚实守信是基础要素。

◆**执业兽医的职业责任** 包括刑事责任、行政责任、民事责任、纪律处分。

◆**行政处罚** 警告、没收违法所得、停止动物诊疗活动、罚款、吊销注册证书。

◆**纪律处分方式** 警告、通报批评、公开谴责、暂停会员资格、取消会员资格等。

➡️ 考点九　动物病原微生物毒种或样本运输包装规范

◆**内包装要求**

①**主容器** 不透水、防泄漏、完全密封。

②**辅助包装** 结实、不透水、防泄漏。

③**主辅容器之间** 应填足够的吸附材料。

④多个主容器装入一个辅助包装时，必须将它们分别包装。

⑤主容器表面贴上标签，标明类别、编号、名称、数量。

⑥相关文件应放入一个防水的袋中，并贴在辅助包装的外面。

◆外包装要求

①强度应满足要求。

②应印上生物危险标识，并标注"高致病性动物病原微生物，非专业人员严禁打开"的警告语。

◆冻干样本的主容器必须是火焰封口的玻璃安瓿或用金属封口的胶塞玻璃瓶。

▶▶ 考点十　兽用处方药品种目录

一、抗微生物药	抗生素类	β-内酰胺类、头孢菌素类、氨基糖苷类、四环素类、大环内酯类、酰胺醇类、林可胺类；吉他霉素预混剂、金霉素预混剂、磷酸替米考星可溶性粉、亚甲基水杨酸杆菌肽可溶性粉、头孢氨苄片、头孢噻呋注射液、阿莫西林克拉维酸钾片、阿莫西林硫酸黏菌素可溶性粉、阿莫西林硫酸黏菌素注射液、盐酸沃尼妙林预混剂、阿维拉霉素预混剂

（续）

一、抗微生物药	合成抗菌药	磺胺类药、喹诺酮类药；马波沙星片、马波沙星注射液、注射用马波沙星、恩诺沙星混悬液
二、抗寄生虫药	抗蠕虫药、抗原虫药、杀虫药	
三、中枢神经系统药物	中枢兴奋药、镇静药与抗惊厥药、麻醉性镇痛药、全身麻醉药与化学保定药	
四、外周神经系统药物	拟胆碱药、抗胆碱药、拟肾上腺素药、局部麻醉药	
五、抗炎药	美洛昔康注射液	
六、泌尿生殖系统药物	戈那瑞林注射液、注射用戈那瑞林	
七、抗过敏药	盐酸苯拉海明、盐酸异丙嗪注射液、马来酸氯苯那敏注射液	
八、局部用药物	土霉素子宫注入剂、复方阿莫西林乳房注入剂、硫酸头孢喹肟乳房注入剂（泌乳期）、硫酸头孢喹肟子宫注入剂	

（续）

九、解毒药	金属络合物	二硫丙醇注射液、二硫丙磺钠注射液
	胆碱酯酶复活剂	碘解磷定注射液
	高铁血红蛋白还原剂	亚甲蓝注射液
	氰化物解毒剂	亚硝酸钠注射液

动物解剖学、组织学及胚胎学考点总结

▶ 第一单元　细胞★★

细胞的概念	生物体的最基本结构和功能单位
	机体进行新陈代谢、生长发育和繁殖分化的形态学基础
细胞器	①线粒体　进行氧化磷酸化，"能量工厂"（成熟红细胞不含线粒体）。 ②核蛋白体　又称核糖体，合成蛋白质的场所。 ③内质网　a粗面内质网：合成和运输蛋白质； 　　　　　 b滑面内质网：合成脂质。 ④高尔基体　与细胞的分泌、溶酶体的形成和糖类的合成有关。 ⑤溶酶体　细胞内消化器。 ⑥中心体　与细胞分裂有关。 ⑦微丝、微管、中心丝　参与组成细胞骨架。 ⑧过氧化物酶体　即微体，与氧化有关
细胞核	贮存遗传信息、控制细胞分裂和代谢

▶ 第二单元 骨骼★★

（一）基本概念

骨膜	外层是纤维层
	内层是成骨层
骨髓	红骨髓：幼年动物的全部是红骨髓，有造血功能
	黄骨髓：成年动物长骨骨髓腔内为黄骨髓
骨质	成年动物有机质占 1/3，无机质（钙盐）占 2/3。二者比例随年龄和营养状态不同而有所变化：幼年动物有机质多，骨质较柔软；老年动物无机质多，骨质硬而脆
	骨组织是高度血管化的组织，在代谢活动中起着重要作用，具有滋养孔

（二）头骨

头骨中最大的骨	下颌骨
鼻旁窦	上颌窦、额窦、蝶腭窦、筛窦。炎症最易波及上颌窦、额窦

（三）躯干骨

椎骨基本构造	**椎体** 椎骨的腹侧
	椎弓 椎体的背侧
	突起 ①棘突：椎弓背侧向上伸出的突起。 ②横突：椎弓基部向两侧横向伸出的突起。 ③关节突
各部椎骨的数目	**颈椎** 一般有7个，寰椎：第1颈椎，环形。枢椎：第2颈椎，椎体发达。寰椎翼：寰椎两侧的宽板
	胸椎 牛、羊、犬、猫13个，猪14～15个，马18个
	腰椎 牛、马6个，猪、羊6～7个，犬、猫7个
	荐椎 成年家畜的荐椎愈合在一起，称为**荐骨**
肋	**肋骨** 对数与胸椎数相同
	肋软骨 肋骨的下端。真肋：经肋软骨与胸骨直接相接的肋骨（一般为8对；但猪7对，犬9对）

（续）

胸骨	马：前部左右压扁，后部上下压扁
	牛：上下压扁
胸廓	由胸椎、肋骨、肋软骨、胸骨组成

（四）四肢骨

前肢骨	肩胛骨：肩胛冈为肩胛骨外侧面的纵型隆起，远端凸起为肩峰，马无肩峰。肩胛冈前方为冈上窝，后方为冈下窝
	前臂骨：包括桡骨（前内侧）和尺骨（后外侧）。猪、犬的尺骨比桡骨长
后肢骨	髋骨：由髂骨、坐骨和耻骨三部分构成。髂骨外侧突起为髋结节、内侧突起为荐结节，坐骨后方突起为坐骨结节
	股骨 ①大转子：股骨外侧粗大的突起。 ②小转子：骨干内侧近上 1/3 处的嵴，马有第三转子（位于骨干外侧）。 ③股骨头：位于股骨内侧，呈球状

▶▶ 第三单元　关节★★★☆

（一）基本概念

关节的结构	关节面和关节软骨
	关节囊：外层为纤维层，内层为滑膜层，分泌滑液
	关节腔
	血管和神经
关节的辅助结构	韧带：囊内韧带、囊外韧带
	关节盘
	关节唇：附着关节面周缘的纤维软骨环

（二）四肢关节

前肢关节	肩关节：多轴关节，无侧副韧带
	肘关节：单轴复关节
后肢关节	荐髂关节：活动范围最小的关节，几乎不能活动
	髋关节：马的不能外展
	膝关节：包括股膝关节和股胫关节

▶▶ 第四单元　肌肉 ★★☆

（一）基本概念

结构	肌腹：动力部分
	肌腱：固定部分
辅助结构	浅筋膜：疏松结缔组织
	深筋膜：致密结缔组织
	黏液囊、腱鞘

（二）头部肌肉

咀嚼肌　闭口肌（咬肌、翼肌、颞肌）和开口肌（枕颌肌、二腹肌）。咬肌位于下颌支外侧。

（三）躯干肌肉

脊柱肌	背腰最长肌——全身最长的肌肉
	髂肋肌。背腰最长肌和髂肋肌组成的肌沟为髂肋肌沟
颈腹侧肌	胸头肌：与臂头肌之间形成颈静脉沟，是颈静脉沟的下界

(续)

颈腹侧肌	肩胛舌骨肌：马的发达，肉食动物无此肌，是颈静脉沟底
	肩胛横突肌：马没有此肌
胸廓肌肉	吸气肌：肋间外肌、前背侧锯肌、膈肌（上有三个裂孔——食管孔、主动脉裂孔、后腔静脉裂孔）
	呼气肌：肋间内肌、后背侧锯肌
腹壁肌肉	从浅至深——腹外斜肌、腹内斜肌、腹直肌、腹横肌
	腹股沟管口：腹外斜肌和腹内斜肌在腹股沟处斜行裂隙

（四）四肢肌肉

前肢肌肉	肩带肌	斜方肌
		菱形肌
		背阔肌（最大）
		臂头肌

（续）

前肢肌肉	肩带肌	胸肌
		腹侧锯肌
	肩关节肌肉	冈上肌
		冈下肌
		三角肌
		肩胛下肌
	肘关节肌肉	臂二头肌：屈肘关节
		臂三头肌：伸肘关节
		前臂筋膜张肌：伸肘关节
后肢肌肉	髋关节周围的肌肉	伸肌：臀肌、股二头肌、半腱肌、半膜肌；屈肌：缝匠肌、股阔筋膜张肌
	膝关节周围的肌肉	股四头肌、股阔筋膜张肌（屈髋关节，伸膝关节）
	后脚肌肉	各种家畜中马没有腓骨长肌
		跟总腱：由腓肠肌、股二头肌、半腱肌、趾浅屈肌的肌腱共同构成

▶▶ 第五单元　被皮系统★★

(一) 皮肤

皮肤的结构	表皮
	真皮：皮内注射的位置
	皮下组织：皮下注射的位置

(二) 乳房

乳房的结构	间质	皮肤、筋膜	
	实质	导管部	乳腺导管
			乳池：易细菌感染
			乳头管：牛、羊1条，其他动物多条
		分泌部	腺泡
			分泌小管
乳腺的数量	牛	3对，最后1对退化	
	马	1对	
	羊	1对	
	犬	4～5对	
	猪	4～8对	

（三）蹄

蹄的结构	蹄匣	蹄壁角质、蹄底角质、蹄球角质
	蹄壁真皮（肉蹄）、蹄底真皮（肉底）、蹄球角质（肉球）	
	蹄白线	蹄底的蹄角质与蹄真皮的交界，马钉蹄铁

▶▶ 第六单元　消化系统★★★

（一）口腔

唾液腺	腮腺、颌下腺、舌下腺
软腭	马发达，故不能用口呼吸
舌	牛采食的主要器官。牛有舌圆枕

（二）胃

多室胃	瘤胃	成年最大	黏膜为复层扁平上皮，无腺体
	网胃	小，梨形。膈前为心包，尖锐物刺穿可引起创伤性网胃-心包炎。牛的最小	

（续）

多室胃	瓣胃	球形，右季肋部，又称"百叶胃"。羊的最小	黏膜为复层扁平上皮，无腺体
	皱胃	右季肋部和剑状软骨部，有腺体。犊牛发达	黏膜为单层柱状上皮
单室胃	马胃	单室混合胃；腺部有贲门腺、胃底腺、幽门腺	
	猪胃	单室混合胃；贲门腺大，胃底腺小	
	犬胃	容积大，呈弯曲的梨形，胃底腺大	

胃壁细胞	分泌成分
主细胞	胃蛋白酶原
壁细胞	盐酸
颈黏液细胞	黏液

（三）肠

走向	十二指肠→空肠→回肠→盲肠→结肠→直肠→肛门（十二指空回，盲结直肛门）
中央乳糜管	含毛细淋巴管（绵羊有两条）

（四）肝和胰

马肝没有胆囊。

肝的结构：①肝小叶（基本结构和功能单位，中间有中央静脉）；②肝细胞索；③窦状隙；即血窦，相邻肝细胞索之间的空隙。

胰：淡红黄色，分左、中（胰体）、右三叶。

胰管：牛、猪1条；马、犬2条。

胰的内分泌部　即胰岛，分泌激素，调节糖代谢。

胰的外分泌部　分泌胰液（含酶），参与消化。

 第七单元　呼吸系统★★☆

鼻	外鼻		
	鼻腔	呼吸区	假复层柱状纤毛上皮
		嗅区	嗅上皮细胞
	鼻旁窦（副鼻窦），常考上颌窦、额窦		
喉	喉软骨	环状软骨，戒指样	
		甲状软骨，U形（喉结）	
		会厌软骨，叶片状，防止食物落入喉内	
		勺状软骨，成对（声带突）	

（续）

喉	声带	声襞（发声器官）	
		喉前庭	牛无喉室
肺	分支	主支气管→细支气管→呼吸性细支气管→肺泡管→肺泡囊	
	肺泡	气体交换的场所。Ⅰ型，气体交换；Ⅱ型，分泌活性物质，控制肺张力	
	气血屏障	肺泡上皮、上皮基膜、血管内皮基膜、内皮细胞	
	各动物肺叶分布	①牛、猪、犬：左2，右4。②马：左2，右3	

▶▶ **第八单元　泌尿系统★★**

肾	肾脂肪囊（外面）
	肾纤维囊（深面，易剥离）
肾小体	肾小囊
	血管球

（续）

肾小体	肾小体血管极附近	球旁细胞：分泌肾素（内分泌功能）
		致密斑：化学感受器，对 Na^+ 浓度敏感，调节肾素分泌
		球外系膜细胞：与信息传导有关

各动物肾的形态如下。

沟	乳头	动物
有沟	多	牛
光滑	多	人、猪
	单	羊、马、犬、兔

▶▶ 第九单元　生殖系统★★★★★

（一）雄性

睾丸	产生精子和分泌雄性激素
	结构：①固有鞘膜；②白膜；③曲精细管（支持细胞，又称塞托利细胞，分泌雄激素）；④睾丸间质（分泌睾酮）

（续）

雄性副性腺	精囊腺	羊为圆形；猪为三棱锥形；马为梨形囊状；犬、猫无
	前列腺	马、犬发达
	尿道球腺	犬无
阴茎		牛、羊、猪有乙状弯曲；马无乙状弯曲；犬有阴茎骨

（二）雌性

卵巢	产生卵子和分泌雌性激素		
	被膜		
	结构	实质	皮质	由基质、卵泡、黄体构成
			髓质	疏松结缔组织
			卵泡	原始卵泡（静止状态）→生长卵泡（初级卵泡→次级卵泡）→成熟卵泡→排卵→黄体形成与发育
	①牛为椭圆形，位于耻骨前缘下方；②马有排卵窝		

（续）

	漏斗部	"输卵管伞"
输卵管	壶腹部	精卵结合受精
	峡部	
	子宫部	见于马和肉食类动物
子宫	牛	子宫角呈卷曲绵羊角状；其子宫体黏膜上的卵圆形隆起，称"子宫阜"（反刍动物特有）
	马、犬	整体呈 Y 形
	猪	子宫颈黏膜形成两排半球形隆起，称"子宫颈枕"

阴道、阴道前庭和阴门

▶▶ **第十单元　心血管系统★★★**

1. 血液循环

（1）**肺循环（小循环）**　右心室→肺动脉→肺毛细血管→肺静脉→左心房。

（2）**体循环（大循环）**　左心室→主动脉→全身各部→毛细血管→腔静脉→右心房。

2. 心传导系统 作用：使心房和心室交替性地收缩和舒张。包括：窦房结、房室结、房室束、浦肯野纤维。

3. 主动脉 ①胸主动脉。②腹主动脉。③锁骨下动脉。④腋动脉、臂动脉、正中动脉。⑤颈总动脉：颈动脉球（马）。⑥髂内动脉：脐动脉。⑦髂外动脉：子宫动脉（马）。

4. 四个静脉系 心静脉、前腔静脉、后腔静脉、奇静脉。

①前腔静脉。

②后腔静脉。

③颈外静脉（采血、放血、输液）和颈内静脉，马无颈内静脉。

④肝门静脉。

5. 前肢头静脉与后肢外侧隐静脉 小动物静脉注射。

▶ 第十一单元 淋巴系统★★★

组成		淋巴管、淋巴组织、淋巴器官
中枢淋巴器官	胸腺	胸腺是 T 淋巴细胞分化的场所
	骨髓	类囊器官
	法氏囊	又叫腔上囊，B 淋巴细胞分化的场所

(续)

周围淋巴器官	脾	①白髓：胸腺依赖区、脾小结。 ②边缘区：免疫应答部位。 ③红髓：滤血
	扁桃体	猪无腭扁桃体，有腭帆扁桃体。犬有腭扁桃体窝
	淋巴结	

▶▶ 第十二单元　神经系统★★☆

中枢神经系统	脑	大脑、小脑、脑干（①延髓、②脑桥、③中脑、④间脑）。 第四脑室：由延髓、脑桥、小脑围成
	脊髓	拓展： 1."白夹灰，中带管"即中间灰，外周白，中央有脑脊髓液通过的中央管 2. 脊膜 ①脊硬膜：硬膜外麻醉（腰荐间隙）。 ②脊蛛网膜（蛛网膜下含脑脊髓液）。 ③脊软膜（含血管）

（续）

周围神经系统	脑神经	12对（口诀：一嗅二视三动眼，四滑五叉六外展，七面八听九舌咽，迷副舌下神经全）
	脊神经	组成：颈、胸、腰、荐、尾神经
	植物性神经	分布：内脏、血管、皮肤平滑肌、心肌、腺体的运动神经 支配：平滑肌、心肌和腺体

▶▶ 第十三单元　感觉器官★★

眼

眼球壁	纤维膜、血管膜、视网膜（三膜）
眼球内含物	折光体——晶状体、眼房水、玻璃体 折光体＋角膜＝折光系统
辅助结构	眼睑、眼球肌、泪器

▶▶ **第十四单元　家禽解剖特点★★**

无此结构	软腭、唇和齿；膀胱、尿道和肾门
特殊结构	腺胃＋肌胃（砂囊）；鸣管；气囊；一对盲肠；盲肠扁桃体（禽病诊断主要部位）；泄殖腔（三通道）；肺不分叶
卵巢	成体左侧正常，右侧退化
输卵管	漏斗部、膨大部（蛋白）、峡部、子宫（蛋壳）、阴道部

▶▶ **第十五单元　胚胎学★★★☆**

1. 早期胚胎发育

①外胚层分化形成神经系统等。

②中胚层分化形成肌肉等。

③内胚层分化形成消化系统等。

2. 常见动物的胎盘类型、结构

胎盘类型、结构	动物
上皮绒毛膜胎盘（分散型胎盘）	猪、马

(续)

胎盘类型、结构	动物
结缔绒毛膜胎盘（绒毛叶胎盘）	牛、羊
内皮绒毛膜胎盘（环状胎盘）	犬、猫
血绒毛膜胎盘（盘状胎盘）	兔、灵长类动物

3. 动物之"最"

最重要的内分泌腺	垂体
动物体内最大的腺体	肝
全身最粗、最大的神经	坐骨神经
全身最大的淋巴管	胸导管

动物生理学考点总结

▶▶ 第一单元　概述★☆

(一) 机体功能与环境

1. 体液　动物体内所含的液体，约占体重的 60%。

2. 机体内环境　指细胞外液，约占体液的 1/3。

3. 内环境稳态　内环境的成分和理化性质保持相对稳定。

(二) 机体功能的调节

1. 动物机体功能调节的基本方式　①神经调节；②体液调节；③自身调节。

2. 反射弧　包括感受器、传入神经、神经中枢、传出神经、效应器五个环节。

▶▶ 第二单元　细胞的基本功能★

(一) 细胞的兴奋性和生物电现象

1. 静息电位和动作电位

(1) **静息电位**　指细胞未受到刺激时存在于细胞膜两侧的电位差。即 K^+ 在浓度差作用下向细胞外扩散（K^+外流），而形成的跨膜平衡电位（一般为

−90～−70mV）。

（2）**动作电位** 指细胞受到刺激时静息膜电位发生改变的过程。因膜外 Na^+ 具有较高的浓度势能，当膜电位减少到0mV时，Na^+ 仍继续内转移（Na^+ 内流），即为 Na^+ 的平衡电位。

2. 细胞的兴奋性与兴奋、阈值

（1）**兴奋性** 细胞受到刺激后能产生动作电位的能力或特性。

（2）**可兴奋细胞** 神经细胞、肌肉细胞、某些腺细胞。

（3）**细胞兴奋性变化的四个时期** 绝对不应期、相对不应期、超常期、低常期。

（4）**阈刺激** 指引起细胞兴奋或产生动作电位的最小刺激强度。该刺激强度的值称为刺激的阈值。

（5）**阈电位** 引发动作电位的临界膜电位数值。

3. 极化、去极化、复极化、超极化、阈电位 "全或无"现象。产生动作的关键是去极化能否达到阈电位的水平，而与原刺激的强度无关。

（二）骨骼肌的收缩功能

1. 运动终板 即神经-骨骼肌接头。

2. 突触后电位 是一种局部电位，不具"全或无"特征，不能传播；主要是 Na^+ 大量内流引起。

3. 骨骼肌兴奋-收缩偶联 在以膜电位的变化为特

征的兴奋过程与以肌丝滑行为基础的收缩活动之间，存在的能把两者联系起来的中介过程。其所需要的Ca^{2+}全部来自肌浆网。

▶▶ 第三单元　血液★★

（一）血液的组成与特性

1. 血量　指机体血液的总量，是血浆和血细胞量的总和，约为体重的5%～9%。

失血：①失血不超过10%，不影响健康；②失血到血量的20%，生命活动受明显影响；③一次失血超出血量的30%，则会危及生命。

（1）循环血量　指血液总量中，在循环系统中不断流动的部分。

（2）储备血量　指滞留于肝、脾、肺、皮下的血窦、毛细血管网和静脉内的血液，流动很慢。

2. 血细胞比容（红细胞压积）　用离心法测得的血细胞在全血中所占的容积百分比。

3. 血液的理化性质

（1）血液相对密度　1.050～1.060。

（2）血液pH　7.35～7.45，呈弱碱性。

（二）血浆

1. 血浆的主要成分

（1）水　占90%。

(2) **低分子物质** 由小分子化合物和电解质（Na^+、K^+、Ca^{2+}、Mg^{2+}；Cl^-、HCO_3^-、HPO_4^{2-}）组成。

(3) **蛋白质**

(4) O_2

(5) CO_2

2. 血浆蛋白的功能

(1) **白蛋白** 又称清蛋白。主要作用为：①形成血浆胶体渗透压；②运输激素、营养物质和代谢产物；③保持血浆 pH 相对恒定。

(2) **球蛋白** 主要包括 α_1、α_2、β、γ 球蛋白。γ 球蛋白由淋巴细胞和浆细胞分泌，称为免疫球蛋白，包括 IgM、IgG、IgA、IgD、IgE。

(3) **纤维蛋白原** 参与凝血和纤维蛋白溶解的过程。

(4) **补体** 由 11 种蛋白组成的蛋白酶系，使靶细胞崩解或崩溃。

（三）血细胞

1. 血细胞的组成

(1) 白细胞

①中性粒细胞 可变形运动、吞噬，有趋化性。常见于化脓性疾病、急性炎症早期。

②嗜酸性粒细胞 无溶菌酶，不能杀菌，可吞噬。常见于过敏、寄生虫感染。

③嗜碱性粒细胞　含组胺、肝素（抗凝）、5-羟色胺。

④单核细胞　可变形运动、吞噬。

⑤淋巴细胞

T淋巴细胞　细胞免疫。炎症恢复期、病毒性炎症、迟发变态反应中多见。

B淋巴细胞　体液免疫：抗原 $\xrightarrow{\text{刺激}}$ 浆细胞 $\xrightarrow{\text{产生}}$ 特异性抗体。

（2）血小板

①特点　无核，从骨髓成熟的巨核细胞膜裂解脱落下来的活细胞。

②功能　生理性止血；参与凝血；参与纤维蛋白的溶解；维持血管内皮细胞的完整性。

（3）红细胞

①特点　无核、呈双面内凹圆盘状。

②特性

a. 膜通透性　水、尿素、O_2、CO_2 可自由通过；Cl^-、HCO_3^- 较易通过；正离子很难通过。

b. 悬浮稳定性　血沉（红细胞沉降率）：指第 1 小时末红细胞下沉的距离。

c. 渗透脆性　红细胞在低渗溶液中抵抗破裂和溶血的特性。

③功能 运输 O_2、氧合血红蛋白；血红蛋白占红细胞的 30%。酸碱缓冲：KHb/HHb；$KHbO_2/HHbO_2$。

④生产原料 蛋白质、铁。

促发育、成熟的辅助因子 维生素 B_{12}、叶酸、铜离子；缺乏时引起巨幼细胞性贫血。

⑤生产调节的因素 促红细胞生成素（肾脏产生）、雄激素

2. 血浆渗透压

（1）晶体渗透压 767.5kPa，占血浆总渗透压的 99.5%，其中有 80% 来自 Na^+ 和 Cl^-，维持细胞内外液体平衡。

（2）胶体渗透压 占血浆总渗透压的0.5%，主要是由白蛋白形成的渗透压，维持血管内外液体平衡。

3. 等渗溶液 即细胞渗透压＝血浆渗透压（＝0.9%氯化钠溶液＝5%葡萄糖溶液）。

4. 细胞数量

（1）红细胞数量（×10^{12} 个/L）：马为 7.5；牛为 7.0；猪为 6.5；犬为 6.8；绵羊为 12.0。

（2）白细胞数量（×10^9 个/L）：马为 8.77；牛为 7.62；猪为 14.66；犬为 11.50；绵羊为 8.25。

5. 凝血过程包括三个连续的阶段 ①凝血酶原激活物的形成→②凝血酶的形成→③纤维蛋白的形成。

6. 纤维蛋白的溶解系统包括两个连续的阶段 ①纤维蛋白溶酶原的激活→②纤维蛋白和纤维蛋白原的降解。

7. 加速或减缓血凝的措施

（1）血液中的抗凝系统 抗凝血酶Ⅲ、肝素、蛋白质C。

（2）抗凝方法 ①移钙法（加入柠檬酸钠、草酸钾、草酸铵、乙二胺四乙酸）；②肝素；③脱纤法；④低温；⑤血液与光滑面接触；⑥双香豆素。

（3）促凝的方法 ①加温；②补充维生素K；③接触粗糙面。

（四）禽类的血液特点

1. 血液的组成和理化性质

（1）组成 血细胞和血浆（pH为7.35～7.50）。

（2）不同点

①血细胞比容较小；②全血的相对密度为1.045～1.060；③全血相对水的黏度为3～5；④白蛋白含量低，故胶体渗透压低。

2. 血细胞

（1）红细胞 卵圆形，有核。体积大，数量少[（2.5～4.0）×10^{12}个/L]。

（2）白细胞 种类：异嗜性粒细胞、嗜酸性粒细胞、嗜碱性粒细胞、单核细胞和淋巴细胞。

①异嗜性细胞 功能类似于中性粒细胞,可吞噬。

②单核细胞 可吞噬。

③嗜酸性粒细胞 常见于过敏反应、寄生虫感染。

④嗜碱性粒细胞 常见于过敏反应。

⑤淋巴细胞 常见于细胞免疫和体液免疫。

(3) 凝血细胞 形态:卵圆形。来源:骨髓的单核细胞。功能:参与生理性止血和血液凝固。

3. 血液凝固 不易启动内源性凝血。主要靠外源性途径凝血 (组织释放的凝血酶原激活物、激活凝血酶原)。

▶▶ 第四单元 血液循环★★★★

(一) 心脏的泵血功能

1. 心动周期 心脏每收缩、舒张一次 称为心动周期。

2. 心率 每分钟的心动周期数。

3. 心输出量 一分钟内单侧心室收缩时泵入动脉的血液总量。

4. 心脏泵血过程

(1) 心室收缩 包括等容收缩期、快速射血期、缓慢射血期 三个时期。

(2) 心室舒张 包括等容舒张期、快速充盈期、减慢充盈期、心房收缩期 四个时期。

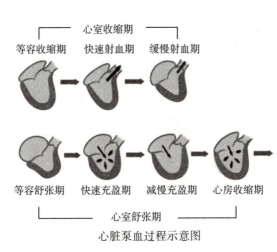

心室收缩期

等容收缩期　　快速射血期　　缓慢射血期

等容舒张期　　快速充盈期　　减慢充盈期　　心房收缩期

心室舒张期

心脏泵血过程示意图

5. 射血分数　每搏输出量/心室舒张末容积。一般为60%左右。

6. 心指数　每平方米体表面积、每分钟的心输出量定义为心指数。

(二) 心肌的生物电现象和生理特性

1. 心肌细胞的基本生理特征　兴奋性、自律性、传导性、收缩性。

2. 心肌细胞是否有兴奋性的前提　Na^+通道是否处于备用状态。

3. 心肌的兴奋性表现为 有效不应期、相对不应期和超长期。其中，有效不应期特别长。

4. 心肌中的自律细胞

①P 细胞 存在于窦房结中，为心脏的起搏点。

②浦肯野氏细胞。

5. 心肌细胞收缩的特点 ①不发生强直收缩；②期前收缩和代偿间隙。

6. 正常心电图的波形及其生理意义

电活动	图形	关联模式
心房除极		P 波
心室除极		QRS 复合波
心室复极		T 波
无电活动		等电线

（1）P 波　心房的去极化。

（2）QRS　心室的去极化。

（3）T 波　心室肌复极化过程中的电位变化。

（4）P-R 间期　心房开始兴奋到心室开始兴奋所经历的时间。

（5）Q-T 间期　心室开始兴奋到心室全部复极化结束所经历的时间。

7. 心音

（1）第一心音（心缩音）产生的原因　心室肌的收缩、房室瓣的关闭、射血开始引起的主动脉管壁振动。

（2）第二心音（心舒音）产生的原因　半月瓣突然关闭、血液冲击瓣膜、主动脉中血液减速。

（三）血管生理

1. 影响动脉血压的因素

①每搏输出量↑→收缩压↑→脉搏压↑。

②心率↑，则舒张压↑，脉搏压↓。

③外周阻力↑，舒张压↑，脉搏压↓。

④主动脉弹性好，脉搏压↓。

⑤循环血量和血管系统容量比↑，则动脉血压↑。

2. 中心静脉压　指右心房和胸腔内大静脉的血压。其高于 1.6kPa 时，输血或输液应慎重。

3. 静脉回心血量及其影响因素

（1）**静脉回心血量**　大小取决于外周静脉压和中心

静脉压之差，以及静脉对血流的阻力。

（2）静脉回心血量影响因素　①体循环平均充盈压；②心脏收缩力量；③体位改变；④骨骼肌的挤压作用；⑤呼吸运动。

4. 微循环的组成及作用

（1）典型的微循环单元　由微动脉、后微动脉、毛细血管前括约肌、真毛细血管、通血毛细血管、动-静脉吻合支、微静脉等七部分组成。

（2）微循环三条通路

①直捷通路　微动脉、后微动脉、通血毛细血管、微静脉。使血液快速回心，具有部分物质交换功能。

②迂回通路　微动脉、后微动脉、毛细血管前括约肌、真毛细血管、微静脉。进行物质交换，又称为营养通路。

③动、静脉短路　微动脉、动-静脉吻合支、微静脉。无物质交换功能，又称为非营养通路。参与体温调节。

5. 组织液的生成及其影响因素

（1）组织液　是血浆滤过毛细血管壁而形成的。

（2）生成组织液的有效滤过压＝（毛细血管血压＋组织液胶体渗透压）－（血浆胶体渗透压＋组织液静水压），即（$P_c + \pi_i f$）－（$\pi_p + P_i f$）。

（3）影响组织液生成的因素

①毛细血管血压（如心衰，引起水肿）。

②血浆胶体渗透压（如营养不良，引起水肿）。

③淋巴回流（淋巴回流受阻时，可致水肿）。

④毛细血管通透性（炎症时，引起局部水肿）。

（四）心血管活动的调节

1. 心脏的神经支配

①心交感神经　节前递质乙酰胆碱；节后递质去甲肾上腺素，与心肌细胞膜上β_1受体结合；兴奋时，引起心率增加、心肌收缩能力加强、房室传导速度加快。

②心迷走神经　节前递质乙酰胆碱，节后递质乙酰胆碱，与心肌细胞膜上M受体结合；兴奋时引起心率减少，心房肌不应期缩短，收缩能力减弱，房室传导速度减慢。

2. 心血管活动的压力和化学感受性反射调节

（1）压力感受性反射　颈动脉窦、主动脉弓参与。当动脉血压升高时，引起心率减慢，血压下降。

（2）化学感受性反射　颈动脉体、主动脉体参与。当缺少O_2、CO_2分压过高时，H^+浓度过高时，引起呼吸加深，心率加快。

3. 肾上腺素和去甲肾上腺素对心血管功能的调节

（1）肾上腺素

①在心脏，与 β 受体结合，使每搏输出量增加。

②在皮肤、肾脏、胃肠道血管平滑肌，与 α 受体结合，使血管收缩。

③在骨骼肌、肝血管平滑肌，与 β 受体结合，使血管舒张。

（2）去甲肾上腺素　与 α 受体结合，使全身血管广泛收缩，血压升高，压力感受性反射增强，心率减慢。

（五）家禽血液循环

1. 心脏生理

（1）相同　心脏结构组成、心动周期、心肌的生理特性、每搏输出量、心电图的记录方法似哺乳动物。

（2）不同　心率与个体大小相反（个体越大，心率越慢）。鸡的心率为 350～370 次/min。

测心电图时，前翅使用针状电极。Ⅰ导联连接左、右翅；Ⅱ导联连接左腿、右翅；Ⅲ导联连接左翅、左腿。

禽心电图仅有 P、S、T 波。

①P 波　心房肌去极化。

②S 波　心室肌去极化。

③T 波　心室肌复极化。

④P - S 间期　兴奋由心房传至心室。

⑤S - T 段　整个心室处于兴奋的状态。

2. 血管生理　代谢水平低时，血流量较少；反之，代谢升高，血流量增大。肾血流量占每搏输出量最多。

3. 心血管活动的调节　延髓是调节禽心血管活动的基本中枢：①心抑制中枢；②心加速中枢；③缩血管中枢；④舒血管中枢。

▶▶ **第五单元　呼吸★★★**

(一) 肺的通气功能

1. 呼吸的全过程包括三个环节

(1) 外呼吸

①肺通气　外界气体与肺内气体的交换过程。

②肺换气　肺泡与肺泡壁毛细血管内血液间的气体交换过程。

(2) 气体运输　通过血液循环运输 O_2、CO_2。

(3) 内呼吸　血液与组织细胞间的气体交换。

2. 胸内负压的作用

①维持肺呈扩张状态，使肺不塌陷。

②有助于静脉血和淋巴的回流。

③有助于呕吐、反刍。

3. 胸膜腔内压＝肺内压（大气压）－肺回缩力。

胸内负压＝－肺回缩力。

4. 平静呼吸　指安静状态下的呼吸，由膈肌和肋间外肌的舒缩引起（吸气主动，呼气被动）。

5. 呼吸类型

（1）胸式呼吸　由肋间外肌舒缩引起。

（2）腹式呼吸　由膈肌的舒缩引起。

（3）胸腹式呼吸　由肋间外肌、膈肌的舒缩引起。

6. 肺通气阻力

（1）弹力阻力　占 70%，包括肺组织弹性纤维的回缩力、肺泡表面张力。

（2）非弹力阻力　占 30%，包括气道阻力、惯性阻力、组织的黏滞阻力。

7. 肺总容量＝肺容积＝潮气量＋补吸气量＋补呼气量＋残气量。

8. 肺泡通气量　是真正的有效通气量。肺泡通气量＝（潮气量－无效腔量）×呼吸频率

（二）气体交换与运输

1. 影响气体交换的因素

（1）气体分压差、溶解度和分子量　气体扩散率与气体分压差、溶解度成正比，与分子量平方根成反比。

（2）呼吸膜面积与厚度。

（3）肺通气/血流量比值。

2. 氧的运输

（1）氧与血红蛋白的结合　以氧合血红蛋白（HbO_2）的形式运输，约占 98.5%；物理溶解运输占 1.5%。

（2）氧离曲线　表示 PO_2 与 HbO_2 饱和度的关系曲线。

（3）曲线右移的因素　① pH ↓；② CO_2 浓度 ↑；③ 温度 ↑；④ 2,3-二磷酸甘油酸。

3. 二氧化碳的运输

①碳酸氢盐（占 87%）。

②氨基甲酸血红蛋白（占 7%）。

③物理溶解（占 5%）。

4. 呼吸的调节

（1）神经反射性调节

①肺牵张反射（黑-伯二式反射），包括肺扩张反射和肺缩小反射。

②呼吸反射的初级中枢：脊髓。

③基本呼吸节律产生于：延髓。

④呼吸调节中枢：脑桥上 1/3 处的 PBKF 核群。

（2）体液调节

①中枢化学感受器（有效刺激是脑脊液中的 H^+）。

②外周化学感受器（即主动脉体、颈动脉体）。

③CO_2　血液中一定水平的 PCO_2 对维持呼吸和呼

吸中枢的兴奋性是必须的。

④O_2　严重缺氧将导致呼吸障碍，甚至呼吸停止。

⑤H^+浓度　动脉血中其浓度↑，则呼吸加深加快；反之呼吸抑制，主要通过外周化学感受器进行调节。

▶▶ 第六单元　采食、消化和吸收★★★

(一) 口腔消化

唾液的功能

①润湿口腔。

②含有淀粉酶（猪）。

③幼畜含舌脂酶，可水解脂肪。

④清洗口腔。

⑤反刍动物维持瘤胃内 pH。

⑥水分蒸发调节体温，排出部分有毒物。

⑦反刍动物尿素的再循环。

(二) 胃的消化功能

1. 单胃运动形式　①容受性舒张（胃特有）；②蠕动；③紧张性收缩。

2. 瘤胃内气体组成　二氧化碳（50%）；甲烷（30%）；其他。

3. 胃液的主要成分和功能

(1) 贲门腺区　含腺细胞，分泌碱性黏液。

（2）胃底腺区

①主细胞　分泌胃蛋白酶原。

②壁细胞　分泌盐酸和内因子。盐酸的作用：a. 激活胃蛋白酶原；b. 杀菌；c. 促进胰液、胆汁和小肠液的分泌；d. 创造酸性环境促进铁和钙的吸收。内因子可保护维生素 B_{12} 至回肠，促进维生素 B_{12} 吸收入血。

③颈黏液细胞　分泌黏液。

黏液有可溶性黏液和不溶性黏液之分。可溶性黏液较稀薄，而不溶性黏液具有较高的黏滞性和形成凝胶的特征，主要由胃黏膜上皮细胞（表面上皮细胞）分泌，与 HCO_3^- 一起构成"黏液-碳酸氢盐屏障"。

（3）幽门腺区

①腺细胞　分泌碱性黏液。

②G 细胞　分泌促胃液素。

4. 瘤胃微生物种类　主要是厌氧细菌、纤毛虫、厌氧真菌。

（1）细菌　主要有纤维素分解菌、蛋白质分解菌、蛋白质合成菌、纤维素合成菌。

（2）原虫　主要是纤毛虫（含有分解糖类的酶、蛋白分解酶、纤维菌分解酶）。

（3）厌氧真菌　产生多种胞外酶。

5. 瘤胃消化的主要方式　微生物发酵。主要产物为乙酸、丙酸、丁酸。

6. 瘤胃氮代谢

（1）饲料蛋白分解 饲料蛋白→肽→氨基酸→$NH_3/CO_2/VFA$。

（2）微生物蛋白质合成

①碳链来源 糖、VFA、CO_2。

②氮源 氨基酸、肽、NH_3。

（3）尿素再循环 瘤胃 NH_3→胃壁吸收→经门静脉→肝脏→生成尿素→经唾液或胃壁扩散→入瘤胃→尿素经脲酶作用→分解成 NH_3。

（4）脂肪消化吸收

①脂肪被水解为甘油和脂肪酸。

②脂肪的氢化作用，利用 VFA 合成脂肪酸。

7. 瘤胃运动检查部位 左侧肷部。

8. 网胃第二相收缩 十分强烈，易造成创伤性网胃炎和心包炎。

（三）小肠的消化与吸收

1. 小肠运动基本方式

①紧张性收缩。

②分节运动 由环行肌收缩、舒张形成。

③蠕动 环形肌、纵形肌协同完成。

④周期性移行性复合运动（MMC）。

2. 胰液

（1）性质　是由胰腺的外分泌部的腺泡细胞和小导管所分泌的无色、无臭的碱性液体。

（2）主要成分　其消化酶主要有胰淀粉酶、胰脂肪酶、胰蛋白分解酶（最初分泌出来是没有活性的酶原，到小肠被肠激酶激活，变成有活性的胰蛋白分解酶；胰蛋白分解酶被激活后，可迅速将糜蛋白酶原激活，变成有活性的糜蛋白酶）。

3. 胆汁

（1）性质　味苦、有黏滞性、碱性液体。

（2）主要成分　胆汁酸、胆色素、胆盐。胆盐的作用：①降低脂肪的表面张力；②增加脂肪酶的活性；③胆盐与脂肪分解产物脂肪酸、甘油酯结合，促进吸收；④促进脂溶性维生素吸收；⑤胆盐可刺激小肠运动。

4. 主要营养物质在小肠的吸收

①小肠是吸收的主要部位。

②维生素 B、维生素 C 的吸收：主动转运，需载体。

③小肠吸收葡萄糖：继发性主动转运。

5. 主要营养物质在小肠的吸收机制

（1）简单扩散　不耗能，依靠渗透压、流体静力压转运。

（2）易化扩散　不耗能，顺浓度梯度转运，需要特异性载体。

（3）主动转运　耗能，逆浓度梯度，需特异性载体和具有转运功能的 ATP 酶。

（四）胃肠功能的调节

1. 壁内神经丛　从食管到肛门的消化道拥有内在的神经系统。

2. 胃肠功能的神经调节　副交感神经起兴奋作用；交感神经起抑制作用。

3. 胃肠激素

（1）促胃液素族　促胃泌素、缩胆囊素。

（2）促胰液素族　促胰液素、胰高血糖素、血管活性肠肽、糖依赖性胰岛素释放肽。

（3）P 物质族　P 物质、神经降压素。

4. 胃液分泌的调节

（1）头期　持续时间长、分泌量大、酸度高、胃蛋白酶含量高、消化力强。

（2）胃期　胃液酸度较高、含酶量少、消化力较弱。

（3）肠期　分泌量较少。

▶▶ 第七单元　能量代谢和体温 ★☆

（一）基础代谢和静止能量代谢及其在实践中的应用

1. 基础代谢　动物在维持基本生命活动条件下的能量代谢水平。

基本生命活动的条件如下：①清醒；②肌肉处于安静状态；③最适宜的外界环境温度（20～25℃）；④消化道空虚。

2. 家畜的基础代谢率　以代谢体重计算，即为 kJ/$(W^{0.75} \cdot h)$。

3. 静止能量代谢　动物在一般的畜舍或实验室条件下，早晨饲喂前休息时（以卧下为宜）的能量代谢水平。包括特殊动力效应的能量、生产的能量及调节体温的能量。

（二）体温

1. 动物散热的主要形式

（1）主要散热器官　皮肤，占总量的 75%。

（2）散热方式

①环境温度低于体温时

a. 辐射（红外线）。

b. 传导（热量直接传给较冷物体）。

c. 对流（气体或液体流动）等。

②环境温度高于或等于体温时　蒸发——热喘呼

吸：犬、绵羊。

2. 体温的神经反射机制的组成

（1）温度感受器　外周温度感受器（感觉神经末梢）、中枢温度感受器（温度敏感神经元）。

（2）效应器。

（3）体温调节中枢（下丘脑）。

3. 维持体温稳定的基本调节方式

（1）温度变化时，皮肤温度感受器传至下丘脑（体温调节中枢）。

（2）体表温度变化引起深部组织温度改变，中枢温度感受器传递信息到下丘脑。

（3）下丘脑通过交感神经调节皮肤血管舒缩反应和汗腺分泌、通过躯体运动神经改变骨骼肌运动、通过激素改变代谢率。

▶ **第八单元　尿的生成和排出**★☆

（一）尿的生成

1. 尿的生成　血液中的水和小分子溶质经肾小球滤过作用入肾囊腔，形成原尿。

2. 衡量肾功能的指标　肾小球滤过率和滤过分数。

3. 肾小球的滤过作用　主要取决于滤过膜的通透性和有效滤过压。

（1）滤过膜的通透性　由肾小球毛细血管的内皮细

胞层、基膜层、囊脏层上皮细胞组成。起着机械屏障和电学屏障的作用。

（2）**有效滤过压**＝肾小球毛细血管压－（血浆胶体渗透压＋囊内压）。

4. 肾小管和集合管的吸收

（1）**近球小管** 绝大部分 Na^+、Cl^-、水、K^+、全部的葡萄糖。

（2）**远曲小管与集合管** Na^+、Cl^- 重吸收较少，水重吸收量大（抗利尿激素）。

5. H^+ 的分泌 由近球小管、远曲小管与集合管完成。

（二）影响尿生成的因素

1. 影响肾小球滤过的因素

（1）滤过膜的通透性和滤过面积。

（2）**有效滤过压** ①肾小球毛细血管血压；②血浆胶体渗透压；③囊内压。

（3）肾脏血流量。

2. 抗利尿激素（血管升压素）

（1）**来源** 由下丘脑的视上核和室旁核神经元分泌。

（2）**生理作用** 提高远曲小管和集合管上皮细胞对水的通透性，促进水的重吸收，从而减少尿量，达到抗利尿作用。

（3）**释放的因素** 血浆晶体渗透压的变化（主要）、

循环血量的变化。

3. 醛固酮　保钠排钾。

▶▶ 第九单元　神经系统★★

1. 神经系统的组成　由神经元和神经胶质细胞组成。

（1）神经元是神经系统的结构和功能单位。

（2）神经元种类　①感觉神经元（传入神经元）；②联络神经元（中间神经元）；③运动神经元（传出神经元）。

（3）神经元在结构上分为细胞体和突起。

2. 神经纤维传导的 5 个特征　完整性、绝缘性、双向性、不衰减性、相对不疲劳性。

3. 突触的组成　①突触前膜；②突触间隙；③突触后膜。

4. 神经递质的释放　由突触前膜合成。

种类：

①外周递质　乙酰胆碱、去甲肾上腺素。

②中枢递质　乙酰胆碱、单胺类、氨基酸类、肽类。

▶▶ 第十单元　内分泌★★★★★

1. 激素种类

（1）含氮激素　包括肽类、蛋白质激素和胺类激素。

（2）**类固醇激素**　包括肾上腺皮质和性腺分泌的激素。

（3）**脂肪酸衍生物**　包括前列腺素。

2. 激素传递信息的方式　内分泌、旁分泌、自分泌和神经内分泌。

3. 下丘脑-神经垂体系统的大细胞神经元分泌 2 种激素：血管升压素（抗利尿素）和催产素。

4. 生长激素

（1）幼年不足——侏儒症。

（2）幼年过多——巨人症。

（3）成年过多——肢端肥大症。

5. 甲状腺激素主要功能

（1）对物质代谢：对蛋白质、糖和脂肪的代谢有促进作用。

（2）促进产热和组织氧化。

（3）促进生长发育。

（4）影响中枢神经系统兴奋性。

（5）促进心血管系统活动。

▶▶ **第十一单元　生殖和泌乳**★★★☆

（一）雄性生殖

1. 睾丸的生精部位　睾丸的曲精细管。

（1）**增殖期**　原始的生精细胞→精原细胞→初级精

母细胞。

（2）生长期　细胞不断生长，并逐渐聚积营养物质。

（3）成熟期　经两次成熟分裂（减数分裂）成为精细胞。

（4）成形期　精细胞演变成精子。

2. 睾丸的内分泌功能

（1）雄激素

①种类

a. 睾酮（活性最强）。

b. 雄烯二酮、脱氢异雄酮、雄酮。

②来源　睾丸间质细胞。

③生理功能

a. 促进精子生成和成熟，并延长其寿命。

b. 促进雄性生殖器官的发育，刺激副性征的出现和维持、刺激性行为。

c. 促进蛋白质合成、骨骼生长、钙磷沉积以及红细胞生成。

d. 对下丘脑 GnRH 和腺垂体 FSH、LH 进行负反馈调节。

（2）抑制素　是睾丸支持细胞分泌的一种多肽激素。主要抑制 FSH 的分泌，在睾丸中对生精细胞也有抑制作用。

（二）雌性生殖

1. 卵巢的生卵作用 卵巢内卵泡呈周期性发育和成熟。卵泡中含有卵子，成熟卵泡中的卵子从卵巢排出后，在输卵管受精。

卵泡发育过程：原始卵泡→初级卵泡→次级卵泡→成熟卵泡→排卵与黄体的形成。

卵子的发育和成熟并不随卵泡的成熟而完成：

①增殖期 卵原细胞→初级卵母细胞。

②生长期 初级卵母细胞生长、发育、积累各种营养物质。

③成熟期 两次成熟分裂。

2. 排卵

（1）自发性排卵 牛、羊、猪、马。

（2）诱发性排卵 猫、兔、骆驼、水貂。

3. 卵巢的内分泌功能

（1）雌激素

①组成 雌二醇、雌三醇、雌酮。

②来源 由卵泡颗粒细胞和卵泡内膜细胞合成。

③生理功能

a. 促进雌性生殖器官的发育和成熟，促进生殖道的分泌和平滑肌收缩，利于精子和卵子的运行。

b. 促进雌性副性征的出现、维持和性行为。

c. 协同 FSH 促进卵泡发育，诱导排卵前 LH 峰出现，促进排卵。

d. 提高子宫肌对催产素的敏感性，使子宫肌收缩，参与分娩发动。

e. 刺激乳腺导管和结缔组织增生，促进乳腺发育。

f. 促进蛋白质合成；加速骨的生长，促进骨骺愈合；促使醛固酮分泌，增强水钠潴留。

(2) 孕激素

① 来源　主要由卵巢黄体细胞和胎盘合成。

② 生理功能

a. 促进子宫内膜增生、腺体分泌，为受精卵附植和发育做准备。

b. 降低子宫肌肉对催产素的敏感性，有利于妊娠的维持。

c. 促使子宫颈黏液分泌减少、变稠，黏蛋白分子弯曲并交织成网，使精子难以通过。

d. 在雌激素的作用基础上，促进乳腺腺泡系统发育。

e. 反馈调节腺垂体 LH 的分泌。高剂量孕激素能抑制排卵和发情。

4. 性腺内分泌功能的调节

(1) 下丘脑-垂体-性腺轴。

(2) 性激素的反馈调节通常表现为负反馈，排卵前激发 LH 分泌高峰，表现为正反馈作用。

（3）性腺内各细胞的相互作用

①雄性动物　FSH 促进睾丸生精上皮发育和精子生成；LH 刺激睾丸间质细胞发育分泌睾酮。

②雌性动物　FSH 促进卵泡发育成熟；LH 促进排卵和黄体形成；两者共同作用促进性激素的分泌。

（三）泌乳

1. 乳的生成

（1）乳蛋白　以血液中的氨基酸为原料。

（2）乳糖　葡萄糖-半乳糖-乳糖（反刍动物用丙酸）。

（3）乳脂　原料为脂肪酸、甘油、乙酸和丁酸。

2. 泌乳

（1）分泌

乳蛋白——胞吐

乳　糖——胞吐

乳　脂——质膜包裹的脂肪小球

无机盐——被动扩散、钠泵、氯泵等

（2）乳分泌的调节

启动泌乳 ｛ 激素调节：催乳素、肾上腺皮质激素

神经调节：挤乳→下丘脑→抑制 PIF→分泌且促进 CRH 分泌→催乳素、ACTH、肾上腺皮质激素

维持泌乳 ｛ 激素调节：PRL（兔）、GH（牛、羊）

神经调节：挤乳→下丘脑→催乳素

3. 乳的排出

排乳过程 { 乳池乳（1/3～1/2）
反射乳（1/2～2/3）

排乳调节 { 非条件反射与条件反射
排乳抑制（中枢、外周）

▶▶ 考点1 ★★★

必需氨基酸（8种）。记忆口诀："笨蛋来宿舍晾一晾鞋"。

苯丙氨酸（笨）、蛋氨酸（蛋）、赖氨酸（来）、苏氨酸（宿）、色氨酸（舍）、亮氨酸（晾）、异亮氨酸（一晾）、缬氨酸（鞋）。

▶▶ 考点2 ★★★

基因突变导致蛋白质一级结构的突变，如果这种突变导致蛋白质的生物功能下降或者丧失，就会产生分子病。

典型分子病：镰刀型红细胞贫血症。病人的异常血红蛋白与正常人的相比，仅仅是 β-亚基的第六位氨基酸由谷氨酸（Glu）被替换成了缬氨酸（Val）。使得病人红细胞的形状由扁圆形变成镰刀状，血红蛋白运输氧气的能力下降，红细胞易碎而溶血，严重者导致死亡。

▶ 考点3 ★★★

蛋白质的分析分离方法

（1）**透析法** 蛋白质不能透过半透膜。应用于蛋白质溶液脱盐。加少量中性盐时，蛋白质的溶解度加大，称为盐溶；加入高浓度盐溶液，蛋白质沉淀，称为盐析。

（2）蛋白质的沉淀

①加入高浓度乙醇、丙酮等有机试剂，可使蛋白质从溶液中沉淀。

②在碱性溶液中，加重金属盐（醋酸铅、氯化汞、硫酸铜），使蛋白质沉淀。应用于重金属中毒的动物。

③在酸性溶液中，加生物碱试剂（苦味酸、单宁酸、三氯醋酸、钨酸），使蛋白质沉淀。应用于除去血浆中的蛋白质。

▶ 考点4 ★★★

大小分子的跨膜运输

①小分子物质跨膜运输三种方式的比较

比较项目	简单扩散	促进扩散 （易化扩散）	主动运输
运输方向	顺浓度梯度 （高到低）	顺浓度梯度 （高到低）	逆浓度梯度（低到高）

（续）

比较项目	简单扩散	促进扩散 （易化扩散）	主动运输
载体	不需要	需要	需要
能量消耗情况	不消耗	不消耗	消耗
举例	O_2、N_2、CO_2、H_2O、甘油、乙醇	葡萄糖进入红细胞	Na^+、K^+、Ca^{2+}；小肠吸收葡萄糖、氨基酸

②大分子物质跨膜运输

运输方式	举例
内吞作用	血液中免疫球蛋白向初乳中的转移；低密度脂蛋白向细胞内的转运
外排作用	胰腺细胞释放胰岛素

▶▶ **考点5** ★★★

酶的特点和活性

（1）酶的特点　①高效性；②专一性；③酶活性可调节；④活性不稳定，需在温和条件下作用。

（2）酶的催化活性　指在一定条件下酶催化某一化学反应的反应用活力单位数来表示（单位：IU 或 Kat）。每克酶制剂所含的活力单位数，称为酶的比活性。对同一种酶来说，酶的**比活力越高，纯度越高**。

▶▶ **考点6** ★★★★

葡萄糖分解代谢途径和合成代谢比较

▶▶ **考点7** ★★★

NADH 呼吸链　以 NADH 为首的传递链。1mol NADH 伴随 2.5mol ATP 生成。

FADH₂ 呼吸链　是以琥珀酸为首的传递链，也称为琥珀酸链。1mol FADH₂ 氧化生成水，伴随 1.5mol ATP 生成。

电子传递顺序：cytb ⟶ cytc1 ⟶ cytc ⟶ cytaa₃ ⟶ O_2

	糖酵解	有氧氧化	磷酸戊糖途径	糖异生作用	糖原合成	糖分解
条件	无氧	有氧	有氧			
原料	葡萄糖/糖原	葡萄糖 糖原	葡萄糖 糖原	非糖物质(如甘油、丙酸、乳酸、生糖氨基酸)	活化的葡萄糖(UDPG)	糖原
场所	细胞质	光细胞质/后线粒体	细胞质	主要在细胞质		
产物	乳酸, ATP (葡萄糖产 2mol ATP, 糖原产 3mol ATP)	水, 二氧化碳, ATP(30/32mol)		葡萄糖或糖原	糖原	1-磷酸葡萄糖

（续）

	糖酵解	有氧氧化	磷酸戊糖途径	糖异生作用	糖原合成	糖原分解
过程	两个阶段：第一阶段由葡萄糖分解成丙酮酸；第二阶段由丙酮酸还原成乳酸	三个阶段：第一阶段由葡萄糖分解成丙酮酸；第二阶段由丙酮酸氧化成乙酰辅酶A；第三阶段为三羧酸循环				
关键酶	己糖激酶、磷酸果糖激酶、丙酮酸激酶	柠檬酸合酶、异柠檬酸脱氢酶、α-酮戊二酸脱氢酶复合体		葡萄糖磷酸酶、果糖二磷酸酶、丙酮酸羧化酶	糖原合酶	糖原磷酸化酶

（续）

	糖酵解	有氧氧化	磷酸戊糖途径	糖异生作用	糖原合成	糖分解
生理意义	动物缺氧时，迅速补充动物所需的能量	①是动物所需能量的主要来源。②三羧酸循环是三大营养物质及其他有机物质代谢的联系纽带。③三羧酸循环是三大营养物质的最终代谢通路。乙酰CoA是三大物质代谢的共同产物	①生成的还原辅酶NADPH+H+是脂肪、胆固醇等生物合成的重要供氢体。②生成的核糖-5-磷酸是合成核苷酸的原料。③与有氧氧化和无氧氧化相联系，成为不同碳原子数的单糖之间相互转变的共同途径	①维持血糖恒定。当动物饥饿缺糖时，维持大脑、胎儿的能量需要。②清除乳酸，防止乳酸中毒。③是反刍动物中糖的重要来源		

▶▶**考点8** ★★★

长链脂肪酸的β-氧化是脂肪酸分解的主要方式。脂肪酸首先在细胞质中消耗 2 个 ATP，活化为脂酰CoA，活化的脂酰 CoA 在左旋肉碱携带下经脱氢、加水、再脱氢和硫解四步反应生成 1 分子乙酰 CoA 和比原来少 2 个碳原子的脂酰 CoA。如 16 碳的棕榈酸（软脂酸）经彻底氧化净生成 106mol 的 ATP。

▶▶**考点9 酮体**

(1) 种类　乙酰乙酸、β-羟丁酸、丙酮，是脂肪酸在肝脏不完全分解的产物。

(2) 生酮作用　在肝脏细胞线粒体中由乙酰 CoA 缩合而成。关键酶是 HMGCoA 合成酶。

(3) 解酮作用　肝中无分解酮体的酶，只能产生酮体，不能利用酮体。酮体随血液运送至肝外，被分解成乙酰 CoA，进入三羧酸循环产生能量。

(4) 酮症　长期饥饿、废食、高产奶牛泌乳初期及绵羊妊娠后期，酮体生成多于肝外组织的消耗，在体内积聚引起酮症。

▶▶**考点10 氨的转运★★★★★**

(1) 以谷氨酰胺的形式从脑、肌肉转向肝、肾。

（2）通过丙氨酸-葡萄糖循环转运。在肌肉和肝之间循环。

▶ **考点 11** ★★★★★

尿素循环：在肝脏中，首先是 NH_3、CO_2 和鸟氨酸结合生成瓜氨酸，瓜氨酸与另一分子氨结合生成精氨酸，最后在精氨酸酶催化下水解生成尿素和鸟氨酸，鸟氨酸可重复上述反应，不断生成尿素，故称为鸟氨酸循环。

（1）尿素主要在肝脏合成。

（2）生成 1mol 尿素，可清除 2mol 氨（一个是游离的，一个来自天冬氨酸）和 1mol CO_2。

（3）意义　①解除氨的毒性；②降低 CO_2 溶于血液后产的酸性。

▶ **考点 12** ★★★★

核酸种类	碱基组成	核糖	基本单位
DNA	A、G、C、T	脱氧核糖	dAMP、dGMP、dC-MP、dTMP
RNA	A、G、C、U	核糖	AMP、GMP、CMP、UMP

▶ 考点 13

DNA 聚合酶：以 DNA 为模板，催化底物（dNTP，N＝A/G/C/T）合成 DNA，由 $5'{\rightarrow}3'$ 方向延长 DNA 链，需 RNA 引物。

原核生物的 DNA 聚合酶有 Ⅰ、Ⅱ 和 Ⅲ 3 种。具有合成、校对和纠错（外切酶活性）的功能。DNA 聚合酶 Ⅲ 被称作真正的 DNA 复制酶；酶 Ⅰ 可切除引物、修复损伤。

哺乳动物细胞（真核）有 α、β、γ、δ、ε 5 种 DNA 聚合酶。

▶ 考点 14　★★★★

RNA 聚合酶

原核生物有一种 RNA 聚合酶，包含有 $\alpha_2\beta\beta'\sigma$ 5 个亚基（称为全酶）。$\alpha_2\beta\beta'$ 称为核心酶，σ 亚基识别并结合启动子。

真核生物：有 Ⅰ、Ⅱ 和 Ⅲ 三种 RNA 聚合酶。

▶ 考点 15　★★★★★

细胞外液主要指血浆、组织间液、淋巴液和脑脊液。细胞外液的主要阳离子是 Na^+。

细胞内液的主要阳离子是 K^+。

➤➤ 考点 16 ★★★★★

钠的储存形式：骨钠。

生理功能：①钠是维持细胞外液渗透压的决定因素；②维持神经肌肉的兴奋性。

钾的生理功能：①维持体内酸碱平衡；②维持细胞内液的渗透压；③神经肌肉正常功能的必备条件；④影响心肌的收缩。

➤➤ 考点 17 ★★★★★

Ca^{2+} 生理作用：
①调节神经肌肉的兴奋性。
②影响毛细血管的通透性。
③参与血液凝固及某些腺体分泌。
④多种酶的激活剂。
⑤细胞内的第二信使。
⑥参与三大营养物质的代谢及氧化磷酸化作用等。

➤➤ 考点 18 ★★★★★

胆红素：由衰老的红细胞破裂释放铁和胆绿素，胆绿素被还原成为胆红素。胆红素入血与蛋白质结合，成为间接胆红素，只能在肝脏代谢；间接胆红素入肝，胆红素分离经反应生成葡萄糖醛酸胆红素，成为直接胆红素，可由肾脏、肠排出。

▶ 考点 19 ★

肝脏结合反应总结

有毒物质	参与结合解毒的物质
含有羟基、羧基的毒物（阿司匹林、吗啡、樟脑等药物、胆红素、雌激素等）	葡萄糖醛酸
酚类	活性硫酸
芳香族胺类（磺胺类药物）	乙酰 CoA
苯甲酸	甘氨酸（甘氨酸与之结合后生成马尿酸）
卤代化合物和环氧化合物、重金属离子	谷胱甘肽（GSH）

动物病理学考点总结

▶▶ **第一单元　动物疾病概论★**

（一）疾病的经过

潜伏期 又称隐蔽期	前驱期	临床经过期 又称症状明显期	终结期又称 转归期
病因感染机体至第一批症状出现时为止	最初症状，至主要症状开始暴露	主要或典型症状充分表现阶段	指疾病的结束阶段

（二）疾病的转归

1. 康复

完全康复或痊愈	疾病后，动物完全恢复到疾病以前的状态
不完全康复	疾病后，遗留有疾病的某些残迹或持久的变化（后遗症）

2. 死亡　分三个阶段。

濒死期	脑干以上的神经中枢功能丧失或明显抑制
临床死亡期	呼吸和心跳停止，反射活动消失，中枢高度抑制（可逆）
生物学死亡期（真死亡）	组织细胞功能和代谢完全停止（不可逆）

3. 动物疾病的主要特点

（1）疾病是在正常生命活动的基础上产生的一个新的过程，与健康有质的区别。

（2）任何疾病的发生都是由一定的原因引起的，没有原因的疾病是不存在的。

（3）任何疾病都呈现一定的机能、代谢和形态结构的变化，这就是发生疾病时产生的各种症状。

（三）疾病发生的一般机制

1. 神经机制　病因通过改变神经系统结构、功能而致病。

2. 体液机制　病因引起机体体液质和量变化而致病。

在疾病发生发展过程中，体液机制与神经机制常同时或先后起作用，共同参与，称为神经体液机制。

3. 细胞机制　病因作用于细胞、组织、器官而致病。

4. 分子机制　病因作用于细胞的某些分子而致病。

由于DNA遗传性变异引起的一类以蛋白质异常为特征的疾病，称为分子病。

▶▶ 第二单元　组织与细胞损伤★☆

（一）变性

1. 概念　指细胞或间质内出现异常物质或出现正常物质的数量显著增多，并伴有不同程度的功能障碍。

2. 分类

（1）细胞内变性　细胞肿胀、脂肪变性、玻璃样变性。

（2）细胞间变性　黏液样变性、玻璃样变性、淀粉样变性、纤维素样变性。

	眼观病变特点	镜检变化	发生部位
细胞肿胀		细胞内水分增多，胞体增大，胞浆出现微细颗粒——颗粒变性（实质变性），或大小不等的水泡——空泡变性（水泡变性）	心、肝、肾、皮肤和黏膜上皮
脂肪变性	肝肿大、质脆如泥、淡黄至土黄色，切面结构模糊，有油腻感	细胞质内脂肪滴增多染色后的石蜡切片镜检见肝细胞内有圆形空泡；其冰冻切片可用苏丹Ⅲ染成橘红色，苏丹Ⅲ及锇酸染成黑色	肝脏（脂肪肝）、心肌（虎斑心）
脂肪浸润	脂肪组织过多	细胞间质内脂肪过多	心、胰腺、骨骼肌，常见于肥胖动物

(续)

	眼观病变特点	镜检变化	发生部位
玻璃样变性又称透明变性	血浆蛋白进入细胞内	①细胞内玻璃样变性即细胞内透明滴样变；②血管壁玻璃样变性。③纤维结缔组织玻璃样变性	脾、心、肾，如动脉炎疾病，猪瘟脾脏的贫血性梗死；肾小球炎；慢性炎症、纤维性瘢块
淀粉样变性	变性组织遇碘时被染成棕褐色，再加 H_2SO_4 呈紫蓝色	糖蛋白进入细胞间质	肝、脾、肾、淋巴结

(二) 细胞死亡

1. 主要类型

细胞坏死（不可逆）	细胞凋亡	细胞自噬
活体内局部组织或细胞的病理性死亡	由基因控制的细胞自主而有序的死亡过程，是一种主动的由	真核生物中高度保守的蛋白质或细胞器的降

（续）

细胞坏死 （不可逆）	细胞凋亡	细胞自噬
活体内局部组织或细胞的病理性死亡	基因决定的细胞自我破坏过程，又称程序性死亡	解过程，称为自噬性细胞死亡，也称Ⅱ型程序性细胞死亡。动物机体除红细胞外，各种细胞均可发生自噬

2. 细胞自噬

（1）分类　巨自噬、微自噬和分子伴侣介导的自噬。

（2）自噬的生物学意义　自噬既是细胞的一种正常的生理活动，也是在细胞遭受内外刺激时作为应激反应被激活的一种生理活动，自噬可以起到保护细胞存活的作用。过度活跃的自噬可引起细胞死亡。

3. 坏死

	本质	常见类型	举例
凝固性坏死（干性坏死）	蛋白质凝固	贫血性梗死、干酪样坏死、蜡样坏死	见于肾、心、脾，坏死区呈灰白色，切面呈楔形；见于分枝杆菌、鼻疽杆菌感染，剖检肺、淋巴结、乳房等处散在大小不等的结节性病变，切面似豆腐渣样；见于白肌病
液化性坏死（湿性坏死）	蛋白质水解	脑软化、化脓性坏死	大脑软化（马霉玉米中毒）；小脑软化（鸡硒-维生素E缺乏）。胰腺坏死（胰蛋白酶溶解坏死胰组织）
坏疽	继发腐败菌感染	干性坏疽、湿性坏疽、气性坏疽	见于缺血性坏死、冻伤、慢性猪丹毒、牛慢性锥虫病；见于肠、子宫、肺部，如马、牛肠变位，产后子宫内膜炎；见于阉割、外伤合并产气荚菌感染时，产气及有毒物质，可中毒死亡

➤➤ **第三单元 病理性物质沉着** ★★☆

（一）病理性钙化

1. 概念 指骨和牙齿以外的组织内出现固态钙盐

沉积。主要为**磷酸钙**，其次为**碳酸钙**。

2. 分类

	发生部位	血钙	病因
营养不良性钙化	局部	不升高	变性、坏死组织和病理产物中钙盐沉积
转移性钙化	全身	升高	①甲状腺功能亢进；②骨质被大量破坏；③维生素D摄入量过多

（二）黄疸

1. 概念　血中胆红素浓度升高引起的全身皮肤、巩膜和黏膜等组织黄染的病理现象。

2. 分类

	病因	凡登白试验	尿	粪
溶血性黄疸	溶血	间接反应阳性	无胆红素	颜色加深
肝性黄疸实质性黄疸	肝脏损伤	直接和间接反应双阳性	有胆红素，尿色轻度加深	浅黄色
阻塞性黄疸	胆管闭塞	直接反应阳性	多量胆红素，尿呈浓茶色	粪色淡，脂肪痢

(三) 含铁血黄素沉着

1. 概念 指正常情况下不见含铁血黄素的组织中的含铁血黄素过多聚集的现象。含铁血黄素多见于脾、肝、淋巴结、骨髓。

2. 原因 心衰时，肺慢性淤血，红细胞被巨噬细胞吞噬后形成含铁血黄素，使肺分泌物呈铁锈色。心衰竭者肺内和痰内的含有含铁血黄素的巨噬细胞称为心力衰竭细胞。普鲁士蓝反应阳性，即含铁血黄素中含有高铁，故遇铁氰化钾及盐酸后出现蓝色反应。

(四) 尿酸盐沉着

1. 概念 又称痛风。由动物体内嘌呤代谢障碍，血中尿酸增高，并伴有尿酸盐（钠）结晶沉着引起。多见于鸡（饲喂大量高蛋白饲料，但鸡肝内缺乏精氨酸酶，只能生成尿酸）。

2. 病因 ①核蛋白摄入过多；②肾脏损害；③饲养管理不良；④遗传因素。

(五) 外源性色素沉着

1. 炭末沉着 炭末是最常见的外源性色素，引起黑肺病。炭末常沉着在肺门淋巴结。

2. 粉尘沉着 粉尘病是指吸入任何灰尘并在肺内潴留而引起疾病的总称。如：采石场的硅肺病。

3. 文身色素 动物标记。

4. 四环素沉着 牙齿发育过程中服用四环素类抗

生素会沉着在矿化的牙本质、牙釉质、牙骨质中，将牙齿染成**黄色**或**棕色**。

5. 福尔马林色素沉着　在组织固定过程中产生，并非吸入体内。含血组织接触酸性福尔马林溶液时可产生一种显微镜下可观察到的福尔马林色素，也称为**酸性福尔马林血色素**。福尔马林色素镜下呈**棕色**甚至**黑色**、细小、颗粒状，具有双折射的针状结构。

避免福尔马林色素沉着的方法如下。

①采用 pH6.5 以上的磷酸缓冲溶液配置 10％的中性福尔马林溶液。

②使用戊二醛-多聚甲醛混合固定液。

③HE 染色前将脱蜡的组织切片浸泡在饱和的苦味酸酒精溶液中。

▶▶ **第四单元　血液循环障碍**★☆

（一）充血

1. 概念　局部组织器官的血管内**含血量增多**的现象。

2. 种类　**动脉性充血**、**静脉性充血**。

充血器官和淤血器官的鉴别如下。

	体积	颜色	局部温度
动脉性充血器官	增大	鲜红色	升高
静脉性充血器官	增大	暗红色	降低

3. 肝淤血

（1）**原因** 肝淤血多见于右心衰竭。

（2）**病变** 急性肝淤血，肝脏体积稍肿大，呈暗紫红色，切开时，切面流出大量暗红色血液。

（3）**镜检** 肝小叶中央静脉和肝窦扩张，充满红细胞。病程稍久，肝脏切面上暗红色瘀血区和土黄色脂肪变性区相互交替，形成槟榔切面的色彩，故有"**槟榔肝**"之称。

（4）如肝淤血较久，肝脏眼观体积缩小，变硬，称为瘀血性肝硬化。

4. 肺淤血

（1）多见于左心衰竭和二尖瓣狭窄或关闭不全。

（2）**剖检** 肺体积膨大，被膜紧张，呈暗红色或紫红色，在水中呈半沉半浮状态。切面上常有暗红色不易凝固的血液流出，支气管内流出灰白色或淡红色泡沫状液体。

5. 肾淤血

（1）多见于右心衰竭时。

（2）**剖检** 可见肾体积稍肿大，呈暗红色。切开时，从切面流出多量暗红色液体，皮质常呈红黄色，故皮质和髓质界线清晰。

（二）出血

1. 内出血

（1）血肿　破裂性出血时，流出的血液蓄积在组织间隙或器官的被膜下，压挤周围组织并形成肿块，称为血肿。

（2）积血　血液积聚于体腔内称为积血（如胸腔、腹腔、心包、颅腔的积血等）。

（3）瘀点或瘀斑　皮肤、黏膜、浆膜和实质器官的点状出血称为瘀点；斑块状出血称为瘀斑。

（4）溢血　流出的血液进入组织内称为溢血。

（5）出血性浸润　血液弥漫浸透于组织间隙，使出血的局部组织呈大片暗红色。

（6）出血性素质　指机体有全身性渗出性出血倾向，表现为全身皮肤、黏膜、浆膜和各内脏器官等都可见出血点，如急性传染病（如猪瘟）、原虫病（如弓形虫病）等。

2. 外出血。

（三）血栓的形成

1. 概念　在活体动物的心脏或血管腔内，血液成分形成固体质块的过程，称为血栓形成。所形成的固体块称为血栓。

2. 类型

类型	形成条件	主要成分	形态特征
白色血栓	血流较快时，主要见于心瓣膜	血小板＋纤维蛋白＋少量白细胞	灰白色、波浪状、质实、与瓣膜壁血管相连
混合血栓	血流缓慢的静脉，往往以瓣膜囊或内膜损伤处为起点	血小板＋红细胞＋纤维蛋白＋少量白细胞	粗糙、干燥、圆柱状、灰白与褐色相间，镜下可辨
红色血栓	血流缓慢甚至停滞的静脉，静脉延续性血栓尾部	红细胞、纤维蛋白	红色、湿润、有弹性，但容易干枯、脱落
透明血栓	弥散性血管内凝血、微循环内	纤维蛋白（主要）＋血小板	镜下可辨

3. 血栓形成的条件 ①心血管内膜的损伤；②血流状态的改变；③血液性质的改变（血液凝固性增高）。

（四）栓塞

1. 概念 在循环血液中出现不溶解于血液的异常物质，随血流运行堵塞血管的过程，称为栓塞。

2. 栓子的运行途径 与血液流动方向一致。

（1）左心、大循环动脉以及肺静脉的栓子→肾、脾、脑等全身器官栓塞。

（2）右心和大循环静脉栓子→肺动脉栓塞。

（3）门脉系栓子→肝内门静分支栓塞。

3. 常见类型

类型	原因	举例
血栓栓塞	由血栓或血栓的一部分脱落引起的栓塞，在栓塞中最常见	肺动脉栓塞、体循环动脉栓塞
空气栓塞	由于空气和其他气体由外界进入血液，形成气泡，随血流运行并阻塞血管引起的栓塞	创伤或手术损伤颈静脉、胸腔大静脉等情况下或静脉注射时误将空气带入血流

（续）

类型	原因	举例
脂肪栓塞	循环的血流中出现脂肪滴并阻塞血管	长骨骨折、严重脂肪组织挫伤或骨手术之后
组织性栓塞	组织碎片	
细菌性栓塞	细菌团块	
寄生虫性栓塞	寄生虫	

（五）梗死

1. 概念 局部组织或器官由于动脉血流供应中断而引起的缺血性坏死，称为梗死。

2. 类型及病理变化

类型	好发部位	外观
贫血性梗死（白色梗死）	结构致密，侧支循环较少的实质器官，如心、肾、脑	梗死灶呈灰白色
出血性梗死（白色梗死）	组织疏松，血管吻合丰富或双重循环，如肺、肠等	梗死灶呈暗红色

(六) 弥散性血管内凝血 (DIC)

1. 概念 指机体在某些致病因子作用下引起的血液凝固性增高,使微循环内有广泛的微血栓形成的病理过程。

DIC对机体的影响:出血、休克(休克发生的中心环节是微循环血液灌流不足)、栓塞、贫血(溶血性贫血)。

2. 发生原因及机理

①血管内皮细胞损伤。

②组织严重破坏,启动外源性凝血系统。

③血细胞破坏。

④促凝物质进入血液。

⑤诱发因素。

(七) 休克

1. 概念 由于微循环有效灌流量不足而引起的各组织器官缺血、缺氧、代谢紊乱、细胞损伤以致严重危及生命活动的病理过程。

2. 原因、分类及发生机理

(1) 按休克发生的原因分类 可分为:失血性休克、创伤性休克、烧伤性休克、感染性休克(包括内毒素性休克或败血性休克)、心源性休克、过敏性休克、神经源性休克。

(2) 按休克发生的始动环节分类

①低血容量性休克 血液总量减少,常见于各种大

失血及大量体液丧失。

②心源性休克　每搏输出量的急剧减少。常见于急性心肌梗死、弥漫性心肌炎，尤其是过度的心动过速等。

③血管源性休克　大量血液淤积在微血管中而导致回心血量明显减少。

3. 休克的分期及特点

	发生时机	临床表现	微循环特点
循环缺血期	休克的早期，也称休克早期或代偿期	可视黏膜苍白，血压正常或略有升高等	少灌少流，灌少于流
微循环淤血期	休克的中期，也称休克期或失代偿期	可视黏膜发绀，血压下降，大静脉萎陷，少尿或无尿	灌而少流，灌大于流
微循环凝血期	休克的后期，也称休克晚期或微循环凝血期	昏迷，血压进一步下降，全身皮肤有出血点或出血斑，无尿等	不灌不流

▶▶ 第五单元　细胞、组织的适应与修复★☆

（一）适应

指动物机体对机体内、外环境变化时所产生的各种积极有效的反应。

适应分类：

	概念	分类
增生	实质细胞数量增多并伴有组织器官体积增大	生理性、病理性
萎缩	已经发育正常的组织、器官体积缩小、功能减退	全身性（脂肪组织最先发生萎缩）、局部性
肥大	组织器官因实质细胞体积增大而致整个组织器官体积增大	生理性、病理性（真性肥大——实质细胞体积增大；假性肥大——间质增生）
化生	分化成熟的组织，转变为另一种组织	直接化生、间接化生

（二）修复

机体对缺损进行修补恢复的过程。

修复分类：

	概念	特点
再生	由缺损周围健康组织细胞增殖完成修复	组织再生能力排序（神经细胞无再生能力）
纤维性修复	由肉芽组织填补组织缺损的过程	

肉芽组织：由幼稚纤维细胞、新生毛细血管、少量的胶原纤维和多量的炎性细胞组成，此外，肉芽组织中含有肌纤维母细胞（其形态和功能上具有成纤维细胞和平滑肌细胞特点的一类细胞）。

▶ 第六单元　水盐代谢及酸碱紊乱★

（一）水肿

1. 概念　等渗性体液在组织间隙（细胞间隙）或体腔积聚过多称为水肿。细胞内液增多称细胞水肿；过多体液在体腔中积聚称为积水。

2. 机理

血管内外液体交换失衡——组织液生成大于回流	①毛细血管流体静压升高。 ②有效胶体渗透压降低。 ③毛细血管壁通透性升高。 ④局部淋巴回流受阻
体内外液体交换失衡——水钠潴留	①肾小球滤过降低。 ②肾小管重吸收增多

3. 病理变化

（1）肺水肿　由左心功能不全引起，肺泡腔有粉红色水肿液；

（2）皮下水肿　质如面团，指压留痕。

（3）全身性水肿：

①心性水肿　右心功能不全引起全身水肿，四肢、胸腹皮下水肿。

②肾性水肿　急性肾功能不全引起的全身性水肿，常见于疏松部位，如眼睑、面部。

③肝性水肿　是严重肝功能不全（尤其肝硬化）引起全身水肿，伴大量腹水。

（二）脱水

1. 概念　各种原因引起的动物细胞外液容量减小。

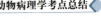

2. 分类

	原因	特点	临床表现
高渗性脱水	失水多于失钠（进水不足、失水过多）	细胞外液容量减少、渗透压升高	口渴
低渗性脱水	失钠多于失水。①经肾丢失，如慢性间质肾炎。②肾外丢失，大量失血/呕吐/腹泻后仅补水未补充氯化钠	细胞外液容量和渗透压均降低	无渴感
等渗性脱水	钠与水按血浆中的比例丢失（呕吐、腹泻）	细胞外液容量减少，渗透压不变	

（三）酸碱平衡紊乱

类型	特点	病因	临床表现
代谢性酸中毒	血浆 HCO_3^- 浓度原发性减少	缺氧、尿毒症、肾功能下降等	中枢抑制，*心律失常*，心功能不全。兽医临床上*最为常见*
呼吸性酸中毒	血浆 H_2CO_3 浓度原发性升高	CO_2 滞留	呼吸中枢、心血管中枢麻痹
代谢性碱中毒	血浆 HCO_3^- 浓度原发性升高	呕吐、高位肠梗阻、低钾血症等	兴奋、肌肉抽搐
呼吸性碱中毒	血浆 H_2CO_3 浓度原发性减少	高热症、呼吸中枢受刺激、高原缺氧等引起的通气过度	患畜脑组织缺氧昏迷

（四）水中毒

1. 概念 机体所摄入水总量大大超过了排出水量，

以致水分在体内潴留，引起血浆渗透压下降和循环血量增多，称为水中毒，又称高容量低钠血症。特点是患畜体液量明显增多、血钠下降、体内总钠量正常或增多。

2. 原因

（1）水的摄入过多　如：无盐水灌肠、持续大量饮水、静脉过快过量输低渗液。

（2）水排出减少　①抗利尿激素分泌过多，常见于失血、休克、急性感染、手术等应激刺激；②肾功能障碍。

3. 对身体的影响　①中枢神经系统症状；②细胞外液容量增加，组织水肿；③细胞内水肿。

▶▶ 第七单元　缺氧★☆

类型	病因	特点	临床表现
低张性缺氧	大气中氧分压过低；外呼吸功能障碍；通气/血流比不一致；静脉血流入动脉	PO_2 降低；血氧含量降低；氧容量正常；血氧饱和度降低；动-静脉氧含量差降低	皮肤发绀

（续）

类型	病因	特点	临床表现
血液性缺氧（又称等张性缺氧）	血红蛋白含量减少，见于各种严重贫血；CO中毒；血红蛋白性质改变，见于亚硝酸盐中毒等	PaO_2 正常；血氧含量降低；氧容量降低；血氧饱和度正常；动-静脉氧含量差降低	严重贫血时皮肤苍白；CO中毒时皮肤呈樱桃红色；高铁血红蛋白大量生成时，皮肤呈咖啡色
循环性缺氧	缺血性缺氧、瘀血性缺氧	PaO_2、血氧含量、氧容量、血氧饱和度均正常；动-静脉氧含量差增大	皮肤苍白、皮肤发绀
组织性缺氧	组织中毒，如氰化物中毒；呼吸酶合成障碍，如某些B族维生素缺乏	PaO_2、氧含量、氧容量、氧饱和度均正常；动-静脉氧含量差降低	皮肤、黏膜呈鲜红色或玫瑰红色

▶▶ **第八单元　发热**☆

1. 概念　恒温动物在内生性致热原的作用下，使体温调节中枢的调定点上移，引起调节性体温升高（高于正常体温 0.5℃），称为发热。

2. 原因　由发热激活物引起。

（1）**传染性发热激活物**　①G^- 及其内毒素；②G^+ 及其外毒素；③病毒；④真菌；⑤原虫等。

（2）**非传染性发热激活物**　①无菌性炎症；②抗原-抗体复合物；③肿瘤。

3. 内生性致热原

（1）**概念**　各种发热激活物作用于机体的致热原细胞，使其产生和释放的能引起恒温动物体温升高的物质，称 EP（属细胞因子）。

（2）**分类**　白细胞介素 1（IL-1）、白细胞介素 6（IL-6）、干扰素（IFN）、肿瘤坏死因子（TNF）、巨噬细胞炎症蛋白 1（MIP-1）等。

（3）**致热原细胞**　单核-巨噬细胞系统细胞、血管内皮细胞、T 淋巴细胞、B 淋巴细胞等。

4. 发热的分期

	特点	临床表现
体温上升期	产热＞散热，体温上升	兴奋，皮温降低
高温持续期	产热与散热在新的高水平上保持相对平衡	呼吸加快，皮温升高，尿少
体温下降期	散热＞产热，体温下降	体表血管舒张，汗多，尿多

5. 热型

	特点	病因
稽留热	昼夜温差在1℃以内	急性马传染性贫血、犬瘟热、猪瘟、猪丹毒、流感、大叶性肺炎
弛张热	昼夜温差超过1℃以上，且不降至常温	化脓性疾病、小叶性肺炎、败血症、犬瘟热第二次发热

（续）

	特点	病因
间歇热	发热期和无热期有规律地相互交替	慢性马传染性贫血、马锥虫病、马媾疫
回归热	发热期和无热期间隔时间较长，且发热期与无热期的出现时间大致相同	慢性马传染性贫血、梨形虫病
波状热	动物体温上升到一定高度，数天后逐渐下降到正常水平，持续数天后又逐渐升高，如此反复发作	布鲁氏菌病
不规则热	发热曲线无一定规律	牛结核、支气管肺炎、仔猪副伤寒、渗出性胸膜炎

6. 发热的生物学意义 是机体的防御适应性反应。一定限度内，可增强单核-巨噬细胞的吞噬功能，加速抗体生成，增强肝脏解毒功能，有助于消除致病因素。体温过高或持续发热，则会损害机体。

▶▶ 第九单元 应激与疾病☆

1. 应激的神经-内分泌反应主要以交感-肾上腺髓质系统和下丘脑-垂体-肾上腺皮质系统兴奋为主。

2. 应激原的种类

(1) 非损伤性应激原　包括恐惧、剧痛、过劳、饥渴、噪音、断奶、注射、过冷、过热、长途运输等。

(2) 损伤性应激原　均伴有组织细胞的损伤和炎症反应。如创伤、去势、去角、冻伤、辐射、中毒、感染等。

3. 应激的分期

①警觉期（以交感-肾上腺髓质系统的兴奋为主）。

②抵抗期（以肾上腺皮质激素分泌增多为主）。

③衰竭期。

4. 应激时的神经内分泌反应

①交感神经兴奋。

②儿茶酚胺分泌增多。

③下丘脑-垂体-肾上腺皮质功能亢进。

④β-内啡肽生长激素分泌增加。

⑤胰高血糖素浓度升高。

⑥ADH、肾素血管紧张素Ⅰ增加，醛固酮分泌增加。

⑦组织激素和细胞因子增多。

5. 应激时的细胞反应

（1）急性期蛋白（APP） 损伤性应激时，由肝脏合成。

其作用为：①抑制蛋白酶活化；②抑制自由基产生；③清除异物和坏死组织。

（2）热休克蛋白（HSP） 在热环境下，产生的以基因表达变化为特征的蛋白质。

其作用为：①分子伴侣；②增强抵抗力；③抗细胞凋亡。

6. 应激时机体的代谢和功能变化

（1）物质代谢改变 代谢率升高、血糖升高、脂肪酸含量增加、负氮平衡。

（2）心血管功能变化 心跳加快、心缩力加强，外周血管收缩。

（3）消化系统结构及功能的改变 胃黏膜缺血、胃黏膜氢离子屏障作用减弱、胃黏膜前列腺素保护胃黏膜。

（4）免疫功能的改变

①使机体抵抗力提高的因素有：IL-1、C-反应蛋白。

②使机体抵抗力降低的因素有：儿茶酚胺过高，糖皮质激素、急性期蛋白。

➤ 第十单元　炎症★★☆

炎症局部	
基本表现	红、肿、热、痛及机能障碍
基本病理变化	变质、渗出、增生。增生的细胞以巨噬细胞、内皮细胞和成纤维细胞最为常见

1. 炎性细胞的种类及其主要功能

炎性细胞种类	临床意义
中性粒细胞	见于急性炎症初期和化脓性炎症时
嗜酸性粒细胞	寄生虫感染和过敏反应（Ⅰ型变态反应）
嗜碱性粒细胞和肥大细胞	见于变态反应性炎症
淋巴细胞与浆细胞	病毒感染和慢性炎症
单核巨噬细胞	急性炎症后期、慢性炎症、某些非化脓性炎症（如结核）等
上皮样细胞和多核巨细胞	慢性炎症或肉芽肿性炎，如结核、鼻疽结节

2. 炎症介质

（1）细胞释放的炎症介质

①血管活性胺类。

②花生四烯酸代谢产物（前列腺素和白细胞三烯）。

③血小板激活因子。

④细胞因子〔淋巴因子、单核因子（干扰素、肿瘤坏死因子、白细胞介素-1）〕。

⑤NO（一氧化氮）。

⑥白细胞产物。

（2）血浆产生的炎症介质

①激肽系统；②补体系统；③凝血系统；④纤溶系统。

主要炎症介质如下：

血管扩张	组胺、缓激肽、PGE2、PGD2、PGF2、NO
血管壁通透性升高	组胺、补体成分（如C3a、C5a）、PAF、LTC4、LTE4、P物质、氧自由基
趋化作用	C5a、LTB4、细菌产物、IL-B、TNF
发热	IL-1、IL-6、TNF、PG
致痛	PGE_2、缓激肽
组织损伤	活性氧代谢产物、溶酶体酶、NO

3. 炎症的类型

	分类	特征	发生部位或常见表现、病原
变质性炎		组织变质、营养不良或渐进性坏死	心、肝、肾等实质器官
渗出性炎	浆液性炎	渗出大量浆液（血清）	浆膜、黏膜、皮肤
	卡他性炎	发生在黏膜的急性渗出性炎症	黏膜表面
	纤维素性炎	渗出大量纤维蛋白。①浮膜性炎易剥离。②固膜性炎难剥离，如：绒毛心、盔甲心	浆膜、黏膜、肺

（续）

	分类	特征	发生部位或常见表现、病原
渗出性炎	化脓性炎	中性粒细胞大量渗出，并伴有组织坏死和脓汁形成（脓球是变性坏死的中性粒细胞）。 ①脓性卡他：黏膜表面。 ②脓性浸润：深部组织化脓，脓液弥漫在组织间隙。 ③积脓：脓液蓄积在体腔。 ④脓肿：组织内局限性化脓性炎，脓肿破溃后形成窦道（一端开口）或瘘管（两端开口）。	化脓灶

（续）

	分类	特征	发生部位或常见表现、病原
渗出性炎	化脓性炎	⑤蜂窝织炎：疏松结缔组织发生的弥漫性化脓性炎。见于：皮下、肌肉和肠壁	化脓灶
	出血性炎	渗出物中有多量红细胞	猪瘟病毒、新城疫病毒、兔瘟病毒等
增生性炎	普通增生性炎	①急性：以组织细胞增生为主。②慢性：以结缔组织细胞增生为主。炎灶内主要是巨噬细胞、淋巴细胞和浆细胞浸润，有时形成炎性息肉或炎性假瘤	

(续)

	分类	特征	发生部位或常见表现、病原
增生性炎	特异性增生性炎（肉芽肿性炎）	主要成分是巨噬细胞，它可能转化为上皮样细胞和多核巨细胞，并有淋巴细胞和浆细胞浸润	分枝杆菌、鼻疽杆菌、麻风杆菌

4. 炎症的结局

（1）痊愈 病原被消灭，坏死组织及渗出物溶解吸收，通过周围健康细胞的再生修复，完全恢复正常结构和功能。

（2）迁延不愈或转为慢性 治疗不及时，机体抵抗力差，炎症过程迁延不愈，时好时坏，反复发作，最后转为慢性。

（3）蔓延扩散 机体抵抗力低下，病原在局部大量繁殖，向周围蔓延。

①局部蔓延 局部病原微生物可经组织间隙或器官的自然通道向周围组织、器官扩散。

②淋巴道扩散 炎症局部病原微生物侵入淋巴管，

随淋巴液到达局部淋巴结或远处淋巴结。

③血道扩散　炎灶内病原微生物侵入血液，随血液循环向全身扩散。

5. 炎症小体

（1）概念　是由细胞质内模式识别受体（PRRs）参与组装的多蛋白复合物，是天然免疫系统的重要组成部分。

（2）作用

①识别病原相关分子模式（PAMPs）或者宿主来源的危险信号分子（DAMPs），招募和激活促炎症蛋白酶 Caspase-1。

②活化的 Caspase-1 切割 IL-1β 和 IL-18 的前体，产生相应的成熟细胞因子。炎症小体的活化还能够诱导细胞的炎症坏死（pyroptosis）。

（3）分类　目前已发现的炎性小体主要有 4 种，即：NLRP1 炎性小体、NLRP3 炎性小体、IPAF 炎性小体和 AIM2 炎性小体。已知发现的炎性小体一般均含有凋亡相关微粒蛋白（apoptosis-associated speck-like protein containing CARD，ASC）、Caspase 蛋白酶以及一种 NLR 家族蛋白（如 NLRP1）或 HIN200 家族蛋白（如 AIM2）。

（4）炎症小体的作用机制和生物学效应

①病原/危险相关分子模式可以激活炎性小体复合物的形成，从而激活蛋白酶 Caspase-1。

②Caspase-1 激活可以调控促炎细胞因子 IL - 1β、IL - 18 的成熟和诱导细胞焦亡。

③炎性小体复合物中的新成员，如蛋白激酶 Nek7 和 Gasdermin D 具有新的特殊功能，可以分泌非常规蛋白，诱导细胞自噬。

④不依赖炎性小体复合体形式的一些炎性小体，在不同的生理过程中发挥作用，如 AIM2 可抑制肿瘤形成，NLRP3/6/12 可调控 T 细胞免疫。

▶▶ 第十一单元　败血症☆

1. 概念与分类

	病原入血液状态	毒素产生状态
败血症	病原进入血流，并繁殖	病原产生毒素
菌血症	循环血液内出现病原菌	无毒素
病毒血症	血液内出现病毒粒子	无毒素
毒血症	病原未入血	局部产生的毒素和形成大量组织崩解产物，被吸收入血液，机体出现中毒性病理变化

（续）

	病原入血液状态	毒素产生状态
虫血症	寄生性原虫侵入患畜血液	无毒素
脓毒败血症	血液中存在化脓菌	毒素进入血液

2. 病理变化 死于败血症的动物的共同病理变化如下：①尸僵不全；②血液凝固不良；③出血和渗出；④全身淋巴结炎；⑤急性炎性脾肿；⑥实质器官的变化。

▶ 第十二单元 肿瘤★

（一）肿瘤的命名

1. 良性肿瘤 发生组织＋"瘤"，如脂肪瘤。

2. 恶性肿瘤

（1）来源于上皮组织的恶性肿瘤为癌，命名为组织或解剖部位＋"癌"，如肝癌。

（2）来源于间叶组织的恶性肿瘤称为肉瘤，命名为在其发生组织后加"肉瘤"，如纤维肉瘤。

（二）良性肿瘤和恶性肿瘤的区别

区别要点	良性肿瘤	恶性肿瘤
异型性	低	高
核分裂象	无或少，不见病理核分裂象	多见，可见核分裂象
生长速度	缓慢	较快
生长方式	膨胀性生长有包膜或外生性生长，和周围组织分界清楚	浸润性生长或外生性浸润性生长，无包膜，和周围组织分界不清楚
转移	不转移	常转移
手术后复发	很少	较多
核染色质	少，接近正常	增多
对机体影响	较小，局部压迫阻塞	较大，压迫阻塞和破坏、恶病质

（三）动物常见肿瘤的病理特点

1. 畜禽和宠物常见肿瘤举例

（1）乳头状瘤　最常见的表皮良性肿瘤之一。

①传染性乳头状瘤　多发于牛，病原为牛乳头状瘤病毒；传播途径是吸血昆虫叮咬或接触传染。

②非传染性乳头状瘤　多发于犬。

（2）腺上皮癌　是从腺上皮发生的恶性肿瘤。

犬乳腺肿瘤：常见于 6 岁以上的母犬，近半为恶性。有癌、瘤、肉瘤等型。乳腺癌可转移淋巴结、肺等脏器。

（3）纤维瘤与纤维肉瘤

①纤维瘤　组织病理学：形态具有介于成纤维细胞和平滑肌细胞之间的特点；其增生的细胞间具有数量不等的胶原存在，缺乏恶性细胞的特征，核分裂极少；在病变边缘的血管周围可见淋巴细胞浸润。治疗方案应选择及时而彻底的手术切除。

②纤维肉瘤　是恶性间叶性组织肿瘤中最常见的一种，常见于犬、猫，是由成纤维细胞和胶原纤维形成的肿瘤。纤维肉瘤表现为深在单发局限性硬固结节，表面紧张，光亮发红，不易破溃。镜检可见肿瘤由梭形成纤维细胞组成，交织成旋涡状，这些细胞可产生丰富的网状纤维，有时也能产生粗胶原束。纤维肉瘤现在以手术治疗为主，应采用局部彻底广泛切除。如有淋巴结转移，亦应进行颈淋巴清扫术。手术前后采用化学治疗。

（4）淋巴肉瘤　淋巴组织发生不成熟的恶性肿瘤，

猪、牛、鸡易发。

猫淋巴肉瘤：又称猫白血病，是猫常见的肿瘤，其病原是猫白血病病毒和猫肉瘤病毒。

（5）鸡马立克氏病和鸡淋巴细胞性白血病　二者为病毒性的传染性的鸡的肿瘤疾病。

①鸡马立克氏病是多形态肿瘤化的淋巴细胞增生和浸润，多数为 T 细胞。

②鸡淋巴 T 细胞性白血病的肿瘤多数来自 B 细胞。

▶▶ **第十三单元　器官系统病理学概论★★★★★**

（一）呼吸系统病理

	概念	病因	病变
气管炎	气管黏膜及黏膜下层的炎症	感冒、粉尘、传染病	黏膜水肿、充血，上皮细胞变性脱落，炎性细胞浸润
小叶性肺炎	以细支气管为中心的个别肺小叶或多个肺小叶发生的炎症	病原微生物	肺的心叶、尖叶和膈叶前下部。支气管内有浆液性渗出物，内有中性粒细胞和上皮细胞

（续）

	概念	病因	病变
大叶性肺炎	肺泡内有大量的纤维素性渗出物，发生在整个肺大叶	病原微生物	特征性病理变化：充血水肿期、红色肝变期、灰色肝变期、消散期
间质性肺炎	肺间质发生的炎症	病毒、支原体或细菌感染	淋巴细胞和单核细胞浸润

（二）消化系统病理

	分类	概念	特征	病原/病因
胃肠溃疡		胃肠黏膜及其下层组织坏死脱落后，留下明显的组织缺损病灶		

（续）

	分类	概念	特征	病原/病因
肠炎	急性卡他性肠炎	肠黏膜的急性炎症	黏膜充血伴浆液性渗出及黏液	
	出血性肠炎	急性炎症	肠黏膜上皮变性、坏死、脱落，内有红细胞及炎性细胞浸润	产气荚膜梭菌、犬细小病毒、球虫、组织滴虫
	坏死性肠炎	肠黏膜及黏膜肌层发生坏死	坏死部位伴随大量纤维蛋白渗出，即纤维素性坏死性肠炎	猪瘟、新城疫、小鹅瘟
	增生性肠炎	肠壁明显增厚的肠炎，又称肥厚性肠炎	肠壁增厚，黏膜表面覆盖多量黄白色或橙黄色黏稠物，多发在小肠后段和结肠	慢性疾病过程，如结核、副结核

（续）

	分类	概念	特征	病原/病因
肝炎	病毒性肝炎	嗜肝病毒感染	肝肿大、边缘钝圆，被膜紧张，切面外翻	雏鸭肝炎病毒、犬传染性肝炎病毒、鸭瘟病毒
	细菌性肝炎	由细菌感染引起	肝组织发生变性、坏死、化脓或形成肉芽肿	沙门氏菌、坏死杆菌、钩端螺旋体
	寄生虫性肝炎	寄生虫感染	多发性坏死、结节与囊泡、钙化与瘢痕化。	鸡的组织滴虫引起的鸡盲肠肝炎、蛔虫引起的肝炎
	中毒性肝炎	各种毒物引起	肝脏肿大，呈黄褐色或土黄色，质脆，表面或切面有散在、大小不一的坏死灶	化学毒物、植物毒素、霉菌毒素、代谢产物

（三）心血管系统病理

	概念	分类	病理变化	病因
心包炎	心包脏层和壁层的炎症，心包内有大量渗出物	浆液-纤维蛋白性心包炎	绒毛心	病原微生物
		创伤性心包炎	有刺伤	锐利异物刺伤
心肌炎	各种原因引起的心肌的炎症	实质性心肌炎	虎斑心	口蹄疫、牛恶性卡他热、马传染性贫血、犬细小病毒病
		间质性心肌炎	与实质性心肌炎相似，心脏表面有灰白色斑块	寄生虫（肉孢子虫、囊尾蚴、弓形虫）
		化脓性心肌炎	大量中性粒细胞渗出和脓液形成	化脓菌感染

（续）

	概念	分类	病理变化	病因
心内膜炎	心内膜发生的炎症	疣状心内膜炎	心瓣膜上发生疣状血栓，常见于二尖瓣心房面和主动脉半月瓣的心室面	毒力较弱的细菌感染（如慢性猪丹毒）
		溃疡性心内膜炎	瓣膜严重损伤并散发溃疡	毒力较强的细菌感染（如化脓放线菌、溶血性链球菌、金黄色葡萄球菌）

（四）免疫系统病理

	概念	病变	病因
脾炎	急性脾炎	脾脏肿大、被膜紧张	急性猪丹毒、炭疽、副伤寒

（续）

	概念	病变	病因
脾炎	坏死性脾炎	脾脏实质坏死而体积不肿大	巴氏杆菌病、猪瘟、新城疫
	化脓性脾炎	伴有化脓的脾炎，脾脏可见数量不等的脓肿	化脓菌的血源传播
	慢性脾炎	伴有脾脏肿大的慢性增生性脾炎	慢性马传染性贫血、结核、牛传染性胸膜肺炎、布鲁氏菌病
淋巴结炎	浆液性淋巴结炎	充血和浆液渗出	急性传染病早期
	出血性淋巴结炎	淋巴结肿大，切面隆起，淋巴结出血，切面呈大理石样外观	猪瘟、巴氏杆菌病、猪链球菌病、牛泰勒虫病

（续）

	概念	病变	病因
淋巴结炎	坏死性淋巴结炎	伴有明显实质坏死的淋巴结炎	坏死杆菌病、炭疽、弓形虫病
	化脓性淋巴结炎	伴有组织化脓溶解的淋巴结炎	马腺疫、猪链球菌病
	慢性淋巴结炎	以细胞或结缔组织增生为特征的淋巴结炎	布鲁氏菌病、副结核、慢性马传染性贫血

淋巴管炎是淋巴管的炎症。多由局部创口或溃疡感染细菌所致。可出现菌血症伴转移性感染灶，转移速度快。

（五）神经系统病理

1. 脑水肿

（1）**概念**　指脑组织水分增加而使脑体积肿大。

（2）**分类**

①**细胞毒性脑水肿**　指水肿液蓄积在细胞内。镜检

星形胶质细胞肿胀变形，糖原颗粒积聚，少突胶质细胞呈颗粒状。

②血管源性脑水肿　由血管壁的通透性升高所致。见于细菌内毒素血症、弥漫性病毒性脑炎、金属毒物等。

2. 神经系统机能障碍的病因及表现形式

（1）病因

①物理性因素　神经组织受损。

②化学性因素　化学物质如重金属、有机无机化合物等。

③生物性因素　细菌、病毒、寄生虫等。

④血液循环障碍　血栓、栓塞等。

⑤肿瘤。

（2）神经系统机能障碍的表现形式　①感觉障碍；②运动障碍；③植物性神经系统机能障碍；④疼痛。

	分类	病变	病因
脑炎	非化脓性脑炎	神经细胞变性坏死、胶质细胞增生和血管反应	病毒感染，如猪瘟病毒、乙型脑炎病毒、马传染性贫血病毒、鸡新城疫病毒

(续)

	分类	病变	病因
脑炎	化脓性脑炎	脑组织有灰黄色或灰白色化脓灶	化脓菌感染，如链球菌、棒状杆菌、巴氏杆菌、李氏杆菌、大肠杆菌
脑膜炎	化脓性	中性粒细胞浸润	化脓菌感染，如大肠杆菌、链球菌
	嗜酸性粒细胞性	嗜酸性粒细胞增多	食盐中毒
	非化脓性		病毒感染
	肉芽肿性	伴随肉芽肿形成	慢性炎症
脑软化		脑组织坏死后，脑组织分解变软，镜下呈海绵状，甚至形成肉眼可见的空腔或囊肿	朊病毒感染、马霉玉米中毒、铜缺乏、硒-维生素 E 缺乏、维生素 B_1 缺乏

（六）生殖系统病理

1. 卵巢炎与卵巢硬化 较少见，常为化脓性炎症。

（1）**急性** 卵巢肿大柔软，表面或实质内有小脓肿。

（2）**慢性炎症** 卵巢实质变性，淋巴细胞和浆细胞浸润，结缔组织增生，卵巢白膜增厚，体积变小，质地变硬，称为卵巢硬化。

2. 卵巢囊肿 卵泡或黄体内积聚多量分泌物称为卵巢囊肿。

①**卵泡囊肿** 即卵泡成熟后没有破裂排卵。由垂体前叶释放的促黄体生成素（LH）不足引起。**表现**：频繁发情，慕雄狂。

②**黄体囊肿** 黄体中心部呈囊泡状态扩张所形成的囊肿。多发生于排卵之后，囊肿呈黄色。**表现**：长期不发情。

3. 输卵管炎 指由于致病菌感染造成输卵管的炎症变化。通常是双侧的。

4. 与繁殖障碍有关的其他病症 ①子宫内膜萎缩与增生；②子宫内膜异位症；③精子肉芽肿；④隐睾；⑤睾丸萎缩与退化。

（七）皮肤及运动系统病理

1. 皮炎及皮疹 发生在真皮的炎症。急性：伴随主动充血、水肿和白细胞的移行。

2. 毛囊炎　指整个毛囊的炎症。分为：①毛囊周围炎；②壁性毛囊炎；③毛球炎；④腔性毛囊炎。

3. 白肌病的病因与病变　病因：硒或维生素 E 缺乏、含硫氨基酸缺乏。病变：横纹肌变性和蜡样坏死。

4. 肌炎　是肌纤维、肌膜及其间结缔组织发生的炎症。寄生虫引起的多见，如旋毛虫病、肉孢子虫病以及嗜酸性粒细胞性肌炎。

5. 骨软症　由钙磷缺乏或钙磷比例不当，维生素 D 缺乏。骨质疏松，易骨折。

6. 佝偻病　幼龄动物钙磷缺乏或钙磷比例不当、维生素 D 缺乏、缺乏光照时易患此病。患病动物长骨弯曲，肋骨软骨结合部形成串珠样肿。

7. 关节炎　急性关节炎分为：①浆液性；②纤维素性；③化脓性。

8. 蹄叶炎　蹄壁真皮的乳头层和血管层的弥漫性、无菌性、浆液性炎症。

病因：①精料过多，消化不良；②运动不足，或使役过度后突饮冷水；③坚硬地面久站；④刺激性泻剂；⑤继发于传染性胸膜肺炎、流感、肺炎或疝痛。

▶▶ **第十四单元**　动物病理剖检诊断技术☆

1. 典型病变　①牛结核：可在肺部、胸膜、淋巴结形成具有特殊形态结构的结核结节；②维生素 E-硒缺乏：可引起仔畜的白肌病、肝坏死、鸡渗出性素质。

2. 动物死后尸体变化

（1）尸冷　新陈代谢停止，体温每小时下降1℃。

（2）尸僵　肌肉收缩变硬，关节固定，10～20h最明显。破伤风时，尸僵很快；死于败血症或心肌变性时，尸僵不明显。

（3）尸斑　死后2h出现尸斑，24h出现溶血。CO、氰化物中毒时尸体呈樱桃红色；亚硝酸盐中毒时尸体呈灰褐色；硝基苯中毒时尸体呈蓝绿色。

（4）尸体自溶和腐败　最明显的是胃和胰腺，表现为腹围膨大、尸绿、尸臭、内脏器官腐败。

（5）死后凝血　死亡快，暗紫色血凝块；死亡慢，血凝块分两层。死于败血症、窒息、缺氧时，血液凝固不良。

3. 掩埋尸体　坑深2m，撒上10%的石灰水。

4. 禁止解剖　炭疽（只能焚毁）。

5. 最常用的固定液　10%福尔马林固定液（即4%的甲醛溶液）。

6. 注意事项　切未经固定的脑和脊髓时，应先使刀口浸湿，然后再下刀，以使切面平整。

7. 常用剖检顺序　外部检查→皮下检查→内部检查→腹腔脏器取出和检查→盆腔脏器取出和检查→胸腔脏器取出和检查→颅腔检查和脑取出、检查→口腔和颈部器官取出、检查→鼻腔剖开和检查→脊椎管剖开和检查→肌肉和关节的检查→骨和骨髓的检查。

8. 病理报告 主要包括概述、剖检记录、病理解剖学诊断、结论。

9. 选取病理组织块 宽最大 3cm；厚最大 0.5cm；10%福尔马林固定 24～48h，用脱脂棉包裹后送检。

10. 操作者的皮肤被割破 可用碘酒消毒伤口。

11. 消除尸腐臭味 先用 0.2%高锰酸钾溶液浸泡，再用 2%草酸液洗涤，再用清水冲洗。

12. 禽的剖检特点 ①盲肠有两条；②有和肺相通的气囊；③两侧肾脏各三叶，无膀胱；④鸡无淋巴结；⑤成年禽左侧卵巢发达。

1. 药动学参数

药时曲线下面积（AUC）	AUC 理论上是时间从 $t_0 \sim t_\infty$ 的药时曲线下面积
	反映到达全身循环的药物总量
表观分布容积（V_d）	药物总量按血浆药物浓度分布所需的总容积计算
	反映药物在体内的分布情况
消除半衰期（$t_{1/2}$）	指体内药物浓度或药量下降一半所需的时间
	反映药物从体内消除快慢
生物利用度（F）	从用药部位吸收进入血液循环的程度与速度
	决定药物量效关系的首要因素
峰浓度、峰时	给药后达到的最高血药浓度称为血药浓度（简称峰浓度）。达到峰浓度所需的时间称为达峰时间（简称峰时）
	峰浓度与给药剂量、给药途径、给药次数及达到时间有关。峰时与吸收速率和消除速率有关

(续)

平均稳态血药浓度（Css）	当血药浓度达到稳态后，在一个剂量间隔时间内（$t=0\sim t$），药时曲线下面积除以间隔时间 t 所得的商称为平均稳态血药浓度
	调整给药剂量、确定负荷剂量、制定理想给药方案的依据

2. 不良反应☆

副作用	应用治疗剂量时出现的与治疗无关的作用
毒性反应	药物用量过大，或用药时间过长超过机体的耐受力，以致造成对机体明显损害的作用
继发性反应	是指药物治疗作用引起的不良后果，又称治疗矛盾、二重感染、菌丛交替症

3. 影响药物作用的因素

药物方面	理化性质、剂量、剂型、给药途径、疗程、联合用药
动物方面	种属差异、生理差异、个体差异、病理状态
其他	饲养管理、环境因素

4. 化学合成抗菌药
(1) 联合用药效果

协同作用	两种抗菌药物联合后的药效＞同样浓度的两种药物抗菌作用的总和
相加作用	两种药物联合后其活性＝两种药物抗菌作用的总和
无关作用	联合药物的活性与单独的抗菌作用相同
拮抗作用	两种药物联合后的抗菌活性＜单独一种药物的抗菌作用

(2) 作用机理

胞壁合成抑制剂	青霉素类、头孢菌素类
细胞膜的通透性	多黏菌素类
蛋白合成抑制剂	四环素类、氨基糖苷类、大环内酯类、酰胺醇类、林可胺类、截短侧耳素类
核酸合成或功能抑制剂	喹诺酮类（DNA回旋酶抑制剂）
抗代谢药（叶酸）	磺胺类、甲氧苄啶

（3）**磺胺类** 作用：大多数 G^+ 和部分 G^- 有效，甚至对衣原体和某些原虫也有效；葡萄球菌易产生耐药性。

药物	应用	注意事项
SD、SM2、SMZ、SMD、SMM	全身感染	毒性反应（泌尿道损害）；首次剂量加倍；与碳酸氢钠同服
SG、PST SST	肠道感染	
SQ、磺胺氯吡嗪、SM2	原虫感染（球虫、弓形虫）	

（4）**喹诺酮类** 作用：对 G^+、G^-、铜绿假单胞菌、支原体、衣原体有效。

药物	应用	不良反应	注意事项
恩诺沙星	支原体	损害负重关节软骨组织，尤其对幼龄犬、马	酰胺醇类、利福霉素、利福平与之合用疗效降低；禁用于幼龄动物和孕畜
环丙沙星	鸡大肠杆菌、传染性鼻炎		
达氟沙星	牛巴氏杆菌、支原体		

（续）

药物	应用	不良反应	注意事项
二氟沙星	葡萄球菌、猪传染性胸膜肺炎	损害负重关节软骨组织，尤其对幼龄犬、马	酰胺醇类、利福霉素、利福平与之合用疗效降低；禁用于幼龄动物和孕畜
沙拉沙星	猪、鸡大肠杆菌		
马波沙星	牛、羊乳腺炎及猪乳腺炎－子宫炎－无乳综合征		

（5）**喹噁啉类** 乙酰甲喹（痢菌净），对密螺旋体、猪血痢有特效。

（6）**硝基咪唑类**

药物	作用应用
甲硝唑（灭滴灵）	滴虫；厌氧菌感染；脑部首选
地美硝唑（二甲硝唑）	禽组织滴虫病、猪密螺旋体病、厌氧菌感染

5. 抗生素与抗真菌药★★★★★

（1）青霉素类

药物	抗菌谱	应用	不良反应
青霉素G	G⁺、G⁻、放线菌和螺旋体等高度敏感，常作为首选药	用于对青霉素敏感的病原菌所引起的各种感染	过敏反应
苯唑西林、氯唑西林	同青霉素	用于对青霉素耐药的金黄色葡萄球菌感染	过敏反应
阿莫西林（羟氨苄青霉素）	G⁺和部分G⁻，对肠球菌属和沙门氏菌的作用较强	用于呼吸道、泌尿生殖道、皮肤、软组织及肝胆系统等感染	过敏反应

（2）头孢菌素类

药物	抗菌谱	应用	不良反应
头孢噻呋	第三代动物专用头孢菌素。广谱杀菌，对 G+、G−，包括产β内酰胺酶菌株有效	牛：呼吸道病。猪：用于胸膜肺炎放线杆菌。犬：泌尿道感染。1日龄雏鸡：防治大肠杆菌病	对牛引起特征性脱毛或瘙痒
头孢喹肟（头孢喹诺）	第四代动物专用头孢菌素。广谱杀菌，对 G+、G−，包括产β内酰胺酶菌株有效	用于乳腺炎、牛腐蹄病、败血症及母猪子宫内膜炎-乳腺炎-无乳综合征的治疗，以及禽大肠杆菌病、沙门氏菌病、鸭传染性浆膜炎的治疗	

（3）大环内酯类

药物	抗菌谱与应用	不良反应
泰乐菌素	动物专用，防治猪、禽支原体病，对敏感菌（胸膜肺炎放线杆菌、巴氏杆菌）并发的支原体感染尤为有效	易与铁、铜、铝等金属离子形成络合物而失效
替米考星	动物专用，对胸膜肺炎放线杆菌、巴氏杆菌及畜禽支原体	有心脏毒性和肾脏毒性；注射可致牛、猪死亡
泰万菌素	畜禽专用抗生素，主要对鸡败血支原体、猪流行性肺炎、猪赤痢等有独特的疗效	肌内注射刺激性强，犬、猫内服可引起呕吐、腹泻、腹痛等症状
泰拉菌素	动物专用广谱抗菌药。对一些 G^+ 和 G^- 有抗菌活性，尤其对牛和猪呼吸系统病原菌敏感	禁止与大环内酯类或林可胺类同用；泌乳牛禁用
加米霉素	用于治疗肉食牛和非哺乳期牛的溶血性曼氏杆菌、巴氏杆菌和睡眠嗜组织菌引起的呼吸道疾病	

（4）林可胺类

药物	抗菌谱与应用	不良反应
林可霉素（洁霉素）	对G⁺有较强的抗菌作用，对破伤风梭菌、产气荚膜梭菌、支原体也有抑制作用；与大观霉素联合应用（利高霉素），用于防治仔猪腹泻、猪支原体肺炎和鸡慢性呼吸道病、鸡大肠杆菌病	本品可引起马的致死性腹泻

（5）截短侧耳素类

药物	抗菌谱与应用	不良反应
泰妙菌素（支原净）	畜禽专用抗生素，主要用于防治鸡慢性呼吸道病，猪支原体肺炎、放线杆菌性胸膜肺炎和密螺旋体性痢疾等。与金霉素按1:4混饲可增强疗效	本品禁止与聚醚类抗生素配伍用，禁用于马
沃尼妙林	畜禽专用抗生素，主要用于防治猪、牛、羊及家禽的支原体病和G⁺感染，也用于猪增生性肠炎	本品禁止与聚醚类抗生素配伍用

（6）氨基糖苷类

药物	抗菌谱与应用	不良反应
卡那霉素	革兰氏阴性杆菌（对绿脓杆菌无效）；肌内注射对呼吸道感染作用较佳	毒性反应
庆大霉素	革兰氏阴性杆菌均有较强作用，对支原体、结核分枝杆菌亦有作用	肾毒性
链霉素	结核分枝杆菌	耳毒性
新霉素	革兰氏阴性菌肠道感染	毒性反应

（7）多肽类

药物	抗菌谱与应用	不良反应
多黏菌素E（黏杆菌素）	窄谱杀菌剂，对 G^- 杆菌活性强，治疗肠炎、下痢等	肾脏和神经系统毒性反应
杆菌肽	对 G^+ 有杀菌作用，用于局部	

（8）四环素类　对 G^+、G^- 菌有效，对肺炎支原

体、衣原体、立克次体、螺旋体、放线菌、部分原虫
（球虫、弓形虫、梨形虫等）也有抑制作用，还能间接
抑制阿米巴原虫。

药物	抗菌谱与应用	不良反应
土霉素	预防产后子宫内膜炎	二重感染
多西环素（强力霉素）	用于治疗畜禽的支原体病、大肠杆菌病、沙门氏菌病、巴氏杆菌病和鹦鹉热等	马属动物静脉注射致死

（9）酰胺醇类

药物	抗菌谱与应用	不良反应
氟苯尼考（氟甲砜霉素）	动物专用抗菌药。用于牛的呼吸系统疾病、猪的传染性胸膜病、鸭的传染性浆膜炎、鸡的大肠杆菌病、鱼的各类细菌性疾病、宠物的各类细菌性疾病	有胚胎毒性，妊娠期禁用

（10）多糖类

药物	抗菌谱与应用
阿维拉霉素	主要对 G^+ 有抗菌作用。预防由产气荚膜梭菌引起的肉鸡坏死性肠炎；辅助控制由大肠杆菌引起的断奶仔猪腹泻

（11）抗真菌药

药物	抗菌谱与应用	不良反应
制霉菌素	外用治疗皮肤、黏膜真菌感染，内服治疗胃肠道真菌感染	胃肠道反应
氟康唑	主要用于犬、猫念珠菌病和隐球菌病的治疗	
酮康唑	广谱抗真菌药，对全身（球孢子菌、隐球菌）及浅表真菌均有活性	
水杨酸	治疗慢性表层皮肤真菌病，与其他抗真菌药合用则更有效	皮肤刺激、中毒

6. 防腐消毒药

药物	应用范围	应用
过氧乙酸	细菌、病毒、霉菌和芽孢	0.5%溶液用于喷雾消毒，可带畜禽消毒；3%~5%溶液用于熏蒸消毒
氢氧化钠	细菌、病毒、霉菌和芽孢	2%~4%溶液用于喷雾消毒；50%溶液用于腐蚀动物新生角
甲醛溶液	细菌、病毒、霉菌和芽孢	熏蒸消毒
戊二醛	细菌、病毒、霉菌和芽孢	1%溶液用于浸泡消毒（内窥镜首选）；2%溶液用于喷雾消毒
乙醇	细菌、极小部分病毒	75%溶液用于皮肤、手术部位、体温计、注射针头或小件医疗器械的消毒；急性关节炎、腱鞘炎等也可用95%乙醇涂擦和热敷；80%乙醇注射用于治疗直肠脱垂

（续）

药物	应用范围	应用
聚维酮碘（碘伏）	细菌、病毒、霉菌和芽孢	用于皮肤、黏膜、创面消毒；用于化脓性皮炎、皮肤真菌感染、小面积轻度烧烫伤；0.5%～1%溶液可用于奶牛乳头浸泡消毒
苯扎溴铵（新洁尔灭）	对细菌有效，对霉菌有抑制作用	0.1%溶液用于手术前洗手、皮肤消毒、霉菌感染以及器械消毒（煮沸15min，再浸泡30min）
高锰酸钾	杀菌、解毒、除臭	0.05%～0.2%溶液可用于冲洗创伤、溃疡、黏膜等；0.05%～0.2%溶液清洗浸泡种蛋、冲洗子宫
过氧化氢	抑菌、除臭	1%～3%溶液清洗带恶臭的创伤
硼酸	抑菌	2%～4%溶液可冲洗各种黏膜、创面、洗眼

（续）

药物	应用范围	应用
松馏油	皮肤刺激药	用于蹄叉腐烂
鱼石脂	皮肤刺激药	用于慢性关节炎、蜂窝织炎
二氯异氰尿酸钠	杀菌、腐蚀、漂白	0.5%～1%溶液用于杀灭细菌和病毒；5%～10%溶液用于杀灭芽孢
二氧化氯	食品、制药、医院、公共环境等	氯制剂最理想的替代品；多用于饮水消毒

7. 抗寄生虫药★★★★★

（1）抗蠕虫药

药物	作用与应用	注意事项
阿苯达唑	对动物线虫、吸虫、绦虫均有驱除作用	
芬苯达唑	胃肠道线虫成虫及幼虫、绦虫	

（续）

药物	作用与应用	注意事项
奥芬达唑	胃肠道线虫成虫和幼虫	
氟苯达唑	胃肠道线虫、绦虫等蠕虫	肝肾功能不全的慎用
噻苯达唑	驱除猪、羊、牛的蛲虫、蛔虫	有致畸作用，孕畜禁用；肝、肾功能不全的禁用
左旋咪唑	消化道线虫和肺线虫；免疫调节	
噻嘧啶（噻吩嘧啶）	消化道线虫	禁止与肌松药、胆碱酯酶药和杀虫药合用
敌百虫、蝇毒磷	对家畜、犬猫消化道线虫、某些吸虫有效，对鱼鳃吸虫和鱼虱也有效，外用可做杀虫药	羊和禽敏感，慎用或禁用

（续）

药物	作用与应用	注意事项
哌嗪	畜禽蛔虫病	引起高铁血红蛋白血症
乙胺嗪	对丝虫成虫（除盘尾丝虫外）及微丝蚴均有杀灭作用	
伊维菌素、多拉菌素	对线虫、皮肤寄生虫、节肢动物昆虫和蛹均具有高效驱杀作用	Collies品系牧羊犬对本药异常敏感，不宜使用
赛拉菌素	对体内（线虫）和体外（节肢昆虫）寄生虫有灭活作用。本品主要用于治疗犬猫的蛔虫、钩虫、疥螨、蚤和虱的感染，以及预防犬猫心丝虫病	本品仅限用于宠物，适用于6周龄和6周龄以上的犬、猫

（续）

药物	作用与应用	注意事项
米尔贝肟	用于治疗犬猫的蛔虫、钩虫、恶丝虫、鞭虫及疥螨感染	牧羊犬慎用或禁用
莫昔克丁	对体内和体外寄生虫，尤其是线虫、节肢动物有良好的驱杀作用。用于防治犬的血管圆线虫、胃肠道线虫及螨虫	猫禁用
氯硝柳胺	用于畜禽绦虫病、反刍动物前后盘吸虫病	犬、猫稍敏感
碘醚柳胺	用于牛、羊肝片吸虫驱除，与阿苯达唑合用治疗牛、羊的肝吸虫病和胃肠道线虫病	

（续）

药物	作用与应用	注意事项
硝碘酚氰	皮下注射对肝片吸虫、大片形吸虫、前后盘吸虫成虫有极佳驱虫效果。皮下或真胃注入，对捻转血矛线虫效果优良。犬皮下注射或内服，对犬蛔虫驱除率达80％	
硝氯酚	驱除牛、羊肝片吸虫	
三氯苯达唑	用于牛、羊肝片吸虫驱除	
吡喹酮	用于动物血吸虫病、吸虫病、绦虫病和囊尾蚴病	

（2）抗球虫药

药物	作用与应用	不良反应
地克珠利	预防禽、兔球虫病	

（续）

药物	作用与应用	不良反应
托曲珠利	用于防治鸡、兔、羔羊球虫病	
莫能菌素	防治鸡、羔羊、犊牛、兔球虫病	禁止与泰妙菌素、竹桃霉素及其他抗球虫药配伍
盐霉素	预防鸡球虫病	同莫能菌素
那拉菌素（甲基盐霉素）	预防肉鸡球虫病	同莫能菌素
马度米星（马杜霉素）	防治禽球虫病	同莫能菌素
拉沙洛西（拉沙里菌素）	用于鸡球虫病	限用于16周龄以下的鸡
二硝托胺	防治鸡、火鸡、兔球虫病	
氨丙啉	用于鸡、牛、羊球虫病	导致硫胺素缺乏症
磺胺喹噁啉、磺胺氯丙嗪	用于鸡、火鸡、反刍幼畜、家兔、水貂的球虫病	

（3）抗锥虫、梨形虫药

药物	作用与应用	不良反应
三氮脒（贝尼尔）	用于由锥虫引起的伊氏锥虫病和马媾疫，对家畜巴贝斯虫病和泰勒虫病具有治疗作用	毒性反应
硫酸喹啉脲（阿卡普林）	用于家畜巴贝斯虫病	毒性反应
喹嘧胺甲硫喹嘧胺	防治马、牛、骆驼伊氏锥虫病和马媾疫	毒性反应
青蒿琥酯	主要用于家畜泰勒虫病。对疟原虫有较强的杀灭作用	胚胎毒性

（4）杀虫药

药物	作用与应用	不良反应
二嗪农、敌敌畏、巴胺磷、辛硫磷、马拉硫磷	驱杀家畜体表寄生的疥螨、痒螨、蜱、虱等寄生虫	禽、猫、蜜蜂禁用
非泼罗尼	驱杀犬猫体表跳蚤、犬蜱及其他体表害虫	

（续）

药物	作用与应用	不良反应
氰戊菊酯、溴氰菊酯	驱杀家畜体外寄生虫以及杀灭环境有害昆虫	对蜜蜂、鱼虾、家蚕毒性较高
双甲脒	防治牛、羊、猪、兔的体外寄生虫病，如大蜂螨和小蜂螨感染	
甲酸	蜂螨	
环丙氨嗪	用于控制动物厩舍内蝇蛆的繁殖生长	

8. 外周神经系统药物★

（1）拟胆碱药

药物	作用与应用	不良反应、注意事项
氨甲酰胆碱	直接兴奋 M、N 受体。皮下注射，用于瘤胃积食、前胃弛缓、肠臌气、大肠便秘、子宫弛缓、胎衣不下、子宫蓄脓等	毒性反应；治疗便秘时，应先软化粪便；不可肌内注射或静脉注射；禁用于妊娠动物、顽固性便秘、肠梗阻患畜

（续）

药物	作用与应用	不良反应、注意事项
毛果芸香碱	直接作用于 M 受体。用于不全梗阻性便秘、肠道弛缓、前胃弛缓、手术后肠麻痹、猪食管梗塞等；1‰～3‰溶液与散瞳药交替点眼用于治疗虹膜炎或青光眼，并可防止虹膜与晶状体粘连	同上
新斯的明	为抗胆碱酯酶药。用于马肠道弛缓、便秘；牛前胃弛缓、子宫复位不全、胎衣不下、尿潴留；竞争型骨骼肌松弛药，可治疗重症肌无力；阿托品过量中毒的解救	毒性反应；腹膜炎、肠道或尿道机械阻塞患畜及妊娠动物禁用；癫痫、哮喘动物慎用
氨甲酰甲胆碱	兴奋 M 胆碱受体。皮下注射，用于瘤胃积食、瘤胃臌气、胃肠弛缓、膀胱积尿、胎衣不下、子宫蓄脓等	毒性反应；肠道完全阻塞、创伤性网胃炎及孕畜禁用

(2) 抗胆碱药

药物	作用与应用	不良反应、注意事项
阿托品	竞争性阻断 M 胆碱受体。用于缓解胃肠道平滑肌的痉挛性疼痛;麻醉前给药,马、牛、羊、猪、犬、猫0.02~0.05mg;缓慢型心律失常;感染性、中毒性休克;解救有机磷农药中毒(马、牛、羊、猪0.5~1mg,犬、猫0.1~0.15mg,禽0.1~0.2mg);点眼用于虹膜睫状体炎及散瞳检查眼底	较大剂量可强烈收缩胃肠括约肌,对马、牛有引起急性胃扩张、肠臌胀及瘤胃臌气的危险
东莨菪碱	基本同阿托品;治疗剂量具有中枢抑制作用	同阿托品

152

（3）拟肾上腺素药

药物	作用与应用	不良反应、注意事项
去甲肾上腺素	主要激动 α 受体、β 受体。用于由外周循环衰竭引起的早期休克	静脉滴注时严防药液外漏，以免引起局部组织坏死
肾上腺素	强大的 α 和 β 受体激动剂。作为恢复心功能的急救药；心室内注射，抢救心功能骤然减弱或心脏骤停；与局部麻醉药配用，延长麻醉时间，减少麻醉药的毒性反应；作为局部止血药；用于过敏性疾病	心血管器质性病变及肺出血的患畜禁用；不宜与洋地黄、钙制剂合用，以免增强对心脏的毒性
异丙肾上腺素	治疗支气管哮喘	注射液忌与碱性药物、维生素C、维生素 K_2、促皮质激素、盐酸四环素、青霉素、乳糖酸红霉素等配伍

（4）抗肾上腺素药

药物	作用与应用	不良反应、注意事项
酚妥拉明	竞争性、非选择性 α_1 和 α_2 受体阻滞药。用于血管痉挛性疾病，如用于犬休克时治疗	低血压、严重动脉硬化、心绞痛、心肌梗死、胃及十二指肠溃疡动物、肾功能不全家畜、幼龄、老龄动物禁用
普萘洛尔（心得安）	竞争性 β 受体阻滞药。治疗心律失常，如犬心脏早搏	充血性心力衰竭，I 度房室传导阻滞、肺气肿或非过敏性支气管炎，肝功能不全，甲状腺功能低下，肾功能减退，麻醉或手术动物，妊娠及哺乳期动物禁用

（5）局部麻醉药

药物	作用与应用	不良反应、注意事项
普鲁卡因	浸润麻醉，封闭疗法用0.25%～0.5%的浓度；传导麻醉，小动物用2%的浓度，每个注射点为2～5mL，大动物用5%的浓度，每个注射点为10～20mL；硬膜外麻醉，2%～5%溶液马、牛20～30mL；静脉注射，或马、牛0.5～2g，猪、羊0.2～0.5g；用生理盐水配成0.25%～0.5%溶液可用于解痉、镇痛	剂量过大或静脉注射时可引起中枢神经系统先兴奋后抑制；本品不宜与磺胺药、洋地黄、抗胆碱酯酶药、肌松药合用
利多卡因	0.25%～0.5%用于浸润麻醉；5%用于表面麻醉；2%用于传导麻醉和硬膜外麻醉；静脉注射用于心律失常，控制室性心动过速	毒性反应

（续）

药物	作用与应用	不良反应、注意事项
丁卡因	0.5%～1%溶液用于眼科表面麻醉；1%～2%溶液用于鼻、喉头喷雾及气管插管；0.1%～0.5%溶液用于泌尿道黏膜麻醉	毒性反应

9. 中枢神经系统药物★★☆

（1）中枢兴奋药

药物	作用与应用	不良反应、注意事项
咖啡因	大脑皮层兴奋药；小剂量兴奋大脑皮层；大剂量兴奋呼吸中枢、血管运动中枢和迷走神经中枢；还有轻度利尿作用。用于全麻苏醒过程，解救中枢抑制药和毒物的中毒，也用于多种疾病引起的呼吸和循环衰竭。安钠咖与高渗葡萄糖、氯化钙配合静脉注射有缓解水肿的作用	大家畜心动过速（100次/min以上）或心律不齐时，慎用或禁用；发生中毒时，可用溴化物、水合氯醛或巴比妥类药物解救

（续）

药物	作用与应用	不良反应、注意事项
尼可刹米	延脑呼吸兴奋药；主要用于解救药物中毒或疾病所致的中枢性呼吸抑制或加速麻醉动物的苏醒，常做肌内注射	剂量过大可致血压升高、心律失常、肌肉震颤，继而出现中枢神经系统抑制现象
戊四氮	同尼可刹米	大剂量可致惊厥；急性心内膜炎及主动脉瘤患畜禁用；不宜用于吗啡、普鲁卡因中毒解救
士的宁	脊髓反射兴奋药；主要用于治疗神经麻痹性疾患，特别是脊髓性不全麻痹，如后躯迟钝、括约肌不全松弛、阴茎脱垂和四肢无力等	毒性反应。孕畜及中枢神经系统兴奋症状的患畜忌用；吗啡中毒时禁用

（2）镇静催眠药

药物	作用与应用	不良反应、注意事项
地西泮（安定）	主要具有镇静、安定、肌松和抗惊厥作用。用于各种动物镇静、保定、癫痫发作，基础麻醉及术前给药。如治疗犬癫痫、破伤风及士的宁中毒，防止水貂等野生动物攻击，牛和猪麻醉前给药等	肝、肾功能障碍的患畜慎用。孕畜忌用。静脉注射宜缓慢，以防造成心血管和呼吸抑制
氯丙嗪	为多巴胺受体阻断剂，可使动物安静嗜睡、体温下降、止吐。用作大家畜镇静、麻醉前给药、解除平滑肌痉挛、镇痛、降温、抗休克，还可用于母猪分娩后无乳症的辅助治疗	马表现兴奋不安，犬、猫等出现心律不齐。静脉注射时应进行稀释，速度宜慢

（3）抗惊厥药

药物	作用与应用	不良反应、注意事项
硫酸镁注射液	硫酸镁注射给药引起中枢神经系统抑制，产生镇静及抗惊厥作用，松弛骨骼肌，降低血压。用于缓解破伤风、癫痫及中枢兴奋药中毒引起的惊厥；治疗膈肌、胆管痉挛	静脉注射量过大或给药过速时，可致呼吸中枢麻痹，血压剧降而立即死亡
苯巴比妥	为长效巴比妥类药物。本品产生抗惊厥作用、镇静、催眠作用。临床上多用于缓解脑炎、破伤风、高热等疾病引起的中枢兴奋症状及惊厥；解救中枢兴奋药中毒；或与解热镇痛药配伍应用等；还可用作犬、猫的镇静药	内服中毒的初期，可用1∶2 000高锰酸钾溶液洗胃，并碱化尿液以加速本品的排泄。过量抑制呼吸中枢时可用安钠咖、戊四氮、尼可刹米等中枢兴奋药解救

（4）麻醉性镇痛药

药物	作用与应用	不良反应、注意事项
吗啡	产生中枢性镇痛、抑制呼吸、镇咳作用。临床上主要做犬、猫镇痛药和犬的麻醉前给药	本品剂量过大可引起呼吸抑制；肝功能衰退、孕畜禁用
哌替啶（度冷丁）	具有镇静、解痉、呼吸抑制等作用，亦可解除平滑肌痉挛。主要用于缓解外伤，术后剧痛及内脏绞痛	过量中毒致呼吸抑制，除用纳洛酮抢救时，应配合使用巴比妥类药物以对抗惊厥。不宜用于妊娠动物、产科手术。具有心血管抑制作用，易致血压下降，不宜静脉注射给药

（5）全身麻醉药

药物	作用与应用
丙泊酚（异丙酚）	为烷基酚类的短效静脉麻醉药，通过激活 GABA 受体-氯离子复合物，发挥镇静催眠作用。适用于诱导麻醉和全身麻醉的维持
硫喷妥钠	为超短效巴比妥类药物。静脉注射后迅速产生麻醉作用。主要用于各种动物的诱导麻醉和基础麻醉
戊巴比妥	小剂量能催眠、镇静，大剂量能起到镇痛和深度麻醉以及抗惊厥作用。用于犬、猫、兔、豚鼠、大鼠、小鼠等中小动物的全身麻醉；静脉注射2倍麻醉剂量可用作小动物的安乐死药剂；用于士的宁中毒所引起的惊厥或其他痉挛性惊厥的治疗
氟烷	吸入麻醉药。临床主要用于羊、猪、犬、猫大手术的全身麻醉和诱导麻醉

(续)

药物	作用与应用
异氟醚（异氟烷）	吸入麻醉药。用于各种手术的麻醉，也可酌情用于分娩麻醉及颈部手术等
七氟烷	吸入麻醉药。用于各种手术的全身麻醉。此外，与氧气按比例混合可用于诱导麻醉、维持麻醉

(6) 化学保定药

药物	作用与应用
赛拉唑（静松灵）	镇痛性化学保定药。主要用于配合局部麻醉药或全身麻醉药进行各种手术，也用于野生动物的捕捉、保定、锯茸、兽医诊疗等。适用于马属动物，反刍动物、猪、犬、猫、兔敏感性较差
赛拉嗪（隆朋）	镇痛性化学保定药。作用与应用同赛拉唑，本品对牛（特别是黄牛）敏感

（续）

药物	作用与应用
琥珀胆碱	为超短时去极化型的肌松性化学保定药。广泛用于野生动物的化学保定，养鹿场、动物园用于梅花鹿、马鹿的锯茸，以及各种动物的捕捉、驯养、运输及疾病诊治等方面；也用于配合麻醉，增加骨骼肌的松弛性。用药前宜先注射少量阿托品，以防呼吸道堵塞

10. 解热镇痛抗炎药★

（1）解热镇痛药　抑制环氧酶（COX），通过干扰体内前列腺素的生物合成而产生作用。

药物	作用与应用	不良反应、注意事项
阿司匹林	解热、镇痛作用较好，消炎、抗风湿作用强。小剂量用于防止血栓形成；较大剂量可促进尿酸排泄。临床用于发热、风湿症和神经、肌肉、关节疼痛及痛风症的治疗	对猫毒性较大；若发生出血倾向，可用维生素K防治；对消化道有刺激作用

（续）

药物	作用与应用	不良反应、注意事项
对乙酰氨基酚（扑热息痛）	用作中小动物的解热镇痛药	猫禁用；大剂量可引起肝、肾损害
安乃近	临床上常用于解热、镇痛、抗风湿，也用于肠痉挛及肠臌气等	引起粒细胞减少
安替比林	用于感冒、发热	毒性大，严重粒细胞减少
氨基比林	用作动物的解热镇痛和抗风湿药，治疗肌肉痛、关节痛和神经痛	引起粒细胞减少
萘普生	抗炎作用明显，亦有镇痛、解热作用。用于解除马、牛、犬的肌炎及软组织炎症引起的疼痛、跛行、关节炎	消化道溃疡患畜禁用

（续）

药物	作用与应用	不良反应、注意事项
美洛昔康	用于关节炎的消肿止痛、神经痛、手术后疼痛、外伤性疼痛和运动性疼痛，还可用于扭伤、软组织挫伤等疼痛的缓解	胃肠道反应；贫血；瘙痒、皮疹；水肿
氟尼辛葡甲胺	兽用类抗炎镇痛药。具有解热、消炎、抗风湿和镇痛作用，单独或与抗生素联合用药能够明显改善临床症状，并可以增强抗生素的活性。也可用于猪腹泻、母猪乳腺炎、子宫炎及无乳综合征的辅助治疗	

（续）

药物	作用与应用	不良反应、注意事项
替泊沙林	具有抗炎、镇痛及治疗自身免疫性疾病等作用。限用于犬。临床用于犬的肌肉、骨骼病产生的疼痛及炎症。如犬手术止痛、脊椎损伤、髋关节发育不良、犬急性或慢性关节炎等	餐后服用；血小板异常的出血性体质、肝肾功能不全、胃肠道疾病及手术慎用
卡洛芬	具有镇痛、消炎与解热作用。对炎性疼痛与病变的疗效与吲哚美辛相当。适用于风湿症、关节炎和手术后及外伤引起的疼痛	心、肝、肾疾病及消化道溃疡患畜慎用
托芬那酸	具有抗炎、解热和镇痛作用，用于治疗犬的骨骼-关节和肌肉-骨骼系统疾病引起的炎症和疼痛。用于猫发热综合征	治疗过程中犬有渴感和多尿表现。6周龄以下及年老犬慎用

（续）

药物	作用与应用	不良反应、注意事项
维他昔布	具有抗炎和镇痛作用，治疗犬临床手术等引起的急性慢性疼痛和炎症	

（2）糖皮质激素类药物

①作用 抗炎、抗免疫、抗毒素、抗休克、影响代谢（升高血糖、负氮平衡、脂肪重新分布、电解质紊乱）。

②应用 母畜代谢病（酮病）、感染性疾病、局部性炎症、过敏性疾病、休克、引产、预防手术后遗症。

③不良反应 骨质疏松、肌肉萎缩、伤口愈合迟缓；诱发及加重感染、胃溃疡；幼畜生长抑制；反刍兽怀孕后期使用会造成流产。

④注意事项 防止滥用；不得用于疫苗接种期、妊娠期。

药物	作用与应用
氢化可的松	抗炎作用强，用于局部炎症
泼尼松	同氢化可的松

（续）

药物	作用与应用
氟氢松	外用，显效快，止痒效果好
地塞米松、倍他米松	应用同其他糖皮质激素。还用于牛、猪、羊的同步分娩，效果较好

11. 消化系统药物

（1）健胃药与助消化药

药物	作用与应用
人工矿泉盐	临床用于消化不良、胃肠弛缓、慢性胃肠卡他、早期大肠便秘等
胃蛋白酶	临床常用于胃液分泌不足或幼畜胃蛋白酶缺乏引起的消化不良
稀盐酸	临床常用于胃酸不足或缺乏引起的消化不良，食欲不振，胃内异常发酵，以及马属动物急性胃扩张、碱中毒等
干酵母	临床用于动物的食欲不振、消化不良及B族维生素缺乏症，如多发性神经炎、酮血病等

（续）

药物	作用与应用
乳酶生 （表飞鸣）	临床主要用于防治消化不良、肠内臌气和幼畜腹泻等

（2）瘤胃兴奋药

药物	作用与应用
浓氯化钠 注射液（10%）	临床静脉推注用于反刍动物前胃弛缓、瘤胃积食，马属动物胃扩张和便秘疝等。本品一般在用药后2～4h作用最强

（3）制酵药与消沫药

药物	作用与应用
芳香氨醑	临床用于消化不良、瘤胃臌胀、急性肠臌气等
鱼石脂	临床用于胃肠道制酵，治疗瘤胃膨胀、前胃弛缓、胃肠臌气、急性胃扩张及大肠便秘等。临用时先加2倍量乙醇溶解后再用水稀释成3%～5%的溶液灌服

（续）

药物	作用与应用
二甲硅油	临床主要用于治疗反刍动物的瘤胃臌胀，特别是泡沫性臌气等。用时配成2%～5%乙醇或煤油溶液，通过胃管灌服
松节油	主要用于治疗反刍动物的瘤胃臌胀，特别是泡沫性臌气等。临用时加3～4倍植物油混合，以减少刺激性。外用作为皮肤刺激药

（4）泻药

药物	作用与应用
硫酸钠	大剂量（用时加水稀释成3%～4%溶液灌服）用于大肠便秘，排除肠内物、毒素，或驱虫药的辅助用药
硫酸镁	大剂量（用时加水稀释成6%～8%溶液灌服）用于大肠便秘，排除肠内毒物、毒素，或驱虫药的辅助用药

（续）

药物	作用与应用
液状石蜡	内服缓泻，适用于小肠梗阻、大肠便秘，可用于孕犬
蓖麻油	内服刺激性泻下，用于幼畜及小动物的小肠便秘

（5）止泻药

药物	作用与应用
药用炭	吸附性止泻药，临床上用于治疗肠炎、腹泻、中毒等。外用于浅部创伤，有干燥、抑菌、止血和消炎作用
白陶土	吸附性止泻药，用于胃肠炎、幼畜腹泻。外用治疗溃疡、糜烂性湿疹和烧伤；与食醋配伍制成冷却剂湿敷于局部，治疗急性关节炎、日射病、热射病及风湿性蹄叶炎等
碱式碳酸铋	临床常用于胃肠炎和腹泻症

12. 呼吸系统药物★

药物	作用与应用
氨茶碱	平喘药，抑制磷酸二酯酶，用于缓解气喘症状
氯化铵、碳酸铵	用作祛痰药适用于支气管炎初期，特别是对黏膜干燥、痰稠不宜咳出的咳嗽有效。碳酸铵作用与氯化铵相似，但效力较弱
碘化钾	内服主要用于治疗痰液黏稠而不宜咳出的亚急性支气管炎的后期和慢性支气管炎。静脉注射还可用于治疗牛的放线菌病

13. 血液循环系统药物★★☆

(1) 充血性心力衰竭药物

药物	作用与应用	不良反应、注意事项
洋地黄毒苷	为慢作用药物。洋地黄毒苷对心脏具有高度选择作用，具有正性肌力作用，还具有降低心肌耗氧量、减慢心率（负性心律）和房室传导速	过量可产生毒性反应，引起严重心律失常；用药期间忌合用钙注射剂

（续）

药物	作用与应用	不良反应、注意事项
洋地黄毒苷	率、继发性利尿的作用。用于治疗马、牛、犬等充血性心力衰竭，心房纤维性颤动和室上性心动过速等	过量可产生毒性反应，引起严重心律失常；用药期间忌合用钙注射剂
毒毛花苷K	为快作用药物。主用于充血性心力衰竭	过量时可引起严重心律失常
地高辛	为快作用药物。用于治疗各种原因所致的慢性心功能不全，阵发性室上性心动过速，心房颤动和扑动等	过量时可引起严重心律失常；忌合用钙注射剂

（2）抗凝血药与促凝血药

药物	作用与应用	不良反应、注意事项
枸橼酸钠	降低血钙，体外抗凝	

（续）

药物	作用与应用	不良反应、注意事项
肝素	用于各种急性血栓性疾病；输血及检查血液时体外抗凝；过量可致自发性出血，静脉注射硫酸鱼精蛋白进行对抗	肌内注射刺激性强；禁用于出血性素质和伴有血液凝固延缓的各种疾病，慎用于肾功能不全动物、孕畜、产后、流产、外伤及手术后动物
酚磺乙胺（止血敏）	增加血小板数量，适用于各种出血的止血	
维生素K	低凝血酶原出血症；解救杀鼠药"敌鼠钠"中毒	

（3）抗贫血药

药物	作用与应用
硫酸亚铁	用于缺铁性贫血，如慢性失血、营养不良、孕畜缺铁性贫血

（续）

药物	作用与应用
右旋糖酐铁	注射液适用于重症缺铁性贫血或不宜内服铁剂的缺铁性贫血。兽医临床常用于仔猪缺铁性贫血
叶酸	用于叶酸缺乏所致贫血。常与维生素 B_{12} 合用
维生素 B_{12}	主要用于维生素 B_{12} 缺乏所致的贫血（巨红细胞性贫血）、幼畜生长迟缓等

14. 泌尿生殖系统药物★★☆

（1）利尿药与脱水药

药物	作用与应用	不良反应、注意事项
呋塞米（高效利尿剂）	用于治疗各种原因引起的全身水肿及其他利尿药无效的严重病例。还用于药物中毒时加速药物的排出，亦可促进尿道上部结石的排出。预防急性肾功能衰竭	长期大量用药可出现低血钾、低血氯及脱水；应避免与具有耳毒性、肾毒性的氨基苷类抗生素合用；应避免与头孢菌素类抗生素合用，以免增加后者对肝脏的毒性

（续）

药物	作用与应用	不良反应、注意事项
氢氯噻嗪（中效利尿剂）	适用于心、肺及肾小管性水肿，还可用于促进毒物由肾脏排出	长期大量用药可出现低血钾
甘露醇、山梨醇	治疗脑水肿的首选药，亦用于其他组织水肿、休克、手术或创伤及出血后急性肾功能衰竭导致的无尿、少尿症	静脉注射时勿漏出血管外；不能与高渗NaCl配合使用；用量不宜过大，注射速度不宜过快

（2）生殖系统药物

药物	作用与应用	不良反应、注意事项
缩宫素（催产素）	内服无效，肌内注射用于催产和引产、产后子宫出血、胎衣不下、排出死胎、子宫复旧不全、子宫脱垂；还可用于催乳，治疗新分娩母猪的缺乳症	催产时，胎位不正、产道狭窄、子宫颈口未完全开放时禁用

（续）

药物	作用与应用	不良反应、注意事项
麦角新碱	可直接兴奋整个子宫平滑肌（包括子宫颈）。稍大剂量时可使子宫产生强直性收缩。主要用于治疗产后子宫出血、产后子宫复原不全及胎衣不下等	孕畜忌用；在临产时或已产但胎盘滞留在子宫尚未完全排出时禁用
丙酸睾酮	主要用于种公畜性欲缺乏；骨折后愈合缓慢；抑制母畜发情、泌乳；母犬假妊娠；再生障碍性贫血的辅助治疗等	具有水钠潴留作用；肾、心或肝功能不全病畜慎用
苯 丙 酸诺龙	主要用于热性病和各种消耗性疾病所引起的体质衰弱、严重营养不良、贫血和发育迟缓	禁止做促生长剂；肾、肝功能不全病畜慎用
雌二醇	用于子宫性疾病；催情	妊娠早期的动物禁用

（续）

药物	作用与应用	不良反应、注意事项
黄体酮（孕酮）	用于安胎；治疗牛卵巢囊肿所致的慕雄狂；母畜同期发情；母鸡醒抱	
卵泡刺激素（促卵泡激素，FSH）	用于母畜卵巢停止发育、卵泡停止发育或两侧交替发育、多卵泡症及持久黄体等疾病的治疗。还可用于增强发情同期化以及提高公畜的精子密度	剂量过大易引起卵巢囊肿或超数排卵
绒促性素	用于性功能障碍、习惯性流产、卵巢囊肿、隐睾病畜的睾丸下降等	
血促性素	用于初情母猪和经产母猪催情促孕	
促黄体释放激素（LH）	用于治疗奶牛排卵迟滞、卵巢静止、卵巢囊肿及早期妊娠诊断；也可用于鱼类诱发排卵	

（续）

药物	作用与应用	不良反应、注意事项
甲基前列腺素 F2α（PGF2α）	主用于同期发情、同期分娩；也用于治疗持久性黄体、诱导分娩和催排死胎等	可引起妊娠母畜流产，禁用；剂量过大可引起腹泻、腹痛等
氯前列醇	用于诱导母畜同期发情、妊娠猪、羊的同期分娩，子宫内膜炎和子宫蓄脓的辅助治疗	不需要流产的妊娠动物禁用

15. 调节组织代谢药物 ★

（1）维生素

药物	作用与应用
维生素 A	防治角膜软化症、干眼症、夜盲症及皮肤粗糙等维生素 A 缺乏症状
维生素 D	临床上用于治疗佝偻病、软骨症等
维生素 E（生育酚）	防治畜禽的各种因维生素 E 缺乏所致的不孕症、白肌病和雏鸡渗出性素质、雏鸡的脑质软化等，常与亚硒酸钠合用

（续）

药物	作用与应用
维生素 B$_1$（硫胺素）	用于维生素 B$_1$ 缺乏症，如多发性神经炎等
维生素 B$_2$（核黄素）	用于维生素 B$_2$ 缺乏症，如口炎、皮炎、角膜炎等
维生素 B$_6$	用于皮炎和周围神经炎、中毒引起的胃肠道反应和痉挛等
维生素 C（抗坏血酸）	除防治维生素 C 缺乏症外，亦常于家畜高热、心源性和感染性休克、中毒、药疹、贫血、败血症、应激等时做辅助治疗

（2）钙、磷与微量元素

药物	作用与应用	不良反应、注意事项
氯化钙葡萄糖酸钙	主要用于低血钙症、慢性钙缺乏症，毛细血管渗透性增高导致的各种过敏性疾病；硫酸镁中毒的解毒剂	

（续）

药物	作用与应用	不良反应、注意事项
磷酸二氢钠	临床用于磷代谢障碍引起的疾病，如佝偻病、软骨症，也可用于慢性缺磷症、急性低血磷症。与钙剂合用可提高疗效	导致含磷酸铵镁盐结石，还可导致严重的肾功能损害
亚硒酸钠	亚硒酸钠主要用于防治犊牛、羔羊、驹、仔猪的白肌病和雏鸡渗出性素质。配合维生素 E，则防治效果更好	毒性反应

（3）其他

药物	作用与应用
葡萄糖	用于补能、补液、解毒
氯化钾	用于钾摄入不足或排钾过量所致的低血钾症，亦可用于强心苷中毒引起的阵发性心动过速等

（续）

药物	作用与应用
碳酸氢钠	用于治疗酸中毒。尿液碱化从而预防磺胺类药物中毒或增加氨基糖苷类药物作用
胰岛素	用于降低血糖，治疗糖尿病

16. 组胺受体阻断药 ★★☆

药物	作用与应用	不良反应、注意事项
苯海拉明	H1 受体阻断药；适用皮肤黏膜的过敏性疾病，如荨麻疹、过敏性鼻炎等。还可用于预防晕船、晕车、晕飞机等晕动病	副作用：嗜睡、口干
马来酸氯苯那敏（扑尔敏）	H1 受体阻断药；主要用于鼻炎、皮肤黏膜过敏及缓解流泪、打喷嚏、流涕等感冒症状	副作用：嗜睡、口干

（续）

药物	作用与应用	不良反应、注意事项
西咪替丁 （甲氰咪胍）	H2受体阻断药；用于治疗十二指肠溃疡、胃溃疡、上消化道出血、慢性结肠炎、带状疱疹、慢性荨麻疹等症。对抗病毒及免疫增强有一定的作用	孕畜和哺乳期家畜禁用

17. 解毒剂★

药物	作用与应用	不良反应、注意事项
二巯丙醇	金属络合剂，用于解救砷中毒，对汞和金中毒也有效	对肝、肾有损害
二巯丙磺钠	金属络合剂，除对砷、汞中毒有效外，对铋、铬、锑亦有效	
碘解磷定、氯解磷定	胆碱酯酶复活剂，用于解救有机磷中毒	

（续）

药物	作用与应用	不良反应、注意事项
亚甲蓝 （美蓝）	高铁血红蛋白还原剂； 低剂量（1～2mg/kg） 用于亚硝酸盐中毒， 高剂量（5～10mg/kg， 最大剂量为 20mg/kg） 用于氰化物中毒	忌皮下或肌内注射； 与多种药物配伍禁忌
氰化物解 毒剂	亚硝酸钠，用于氰化 物中毒	不宜重复给药；由亚 硝酸钠形成的亚硝 基胺对动物有致癌 作用
	硫代硫酸钠，主要用 于氰化物中毒，也可 用 于 砷、汞、铅、 铋、碘等中毒	不能与亚硝酸钠混 合注射
乙酰胺 （解氟灵）	在体内与氟乙酰胺争 夺酰胺酶，消除其对 机体的毒性。用于解 救有机氟中毒	酸性强，肌内注射时 局部疼痛，可配合应 用普鲁卡因或利多 卡因，以减轻疼痛

兽医微生物与免疫学考点总结

▶ 概述

（一）朊病毒

朊病毒又称感染性蛋白质，是一类能侵染动物并在宿主细胞内复制的小分子无免疫性疏水蛋白质没有核酸。疯牛病的病原是朊病毒，牛感染后导致脑组织出现空泡变性等，但不引起炎症反应，不引起宿主的免疫应答。

（二）五类免疫球蛋白的特性与功能

免疫球蛋白	特性与功能
IgG	出生后开始合成；单体结构；能与 SPA 结合；是抗感染的主要抗体；唯一能通过胎盘的抗体；参与 ADCC 作用；参与Ⅱ、Ⅲ型超敏反应；含量最高（75%～80%）

（续）

免疫球蛋白	特性与功能
IgM	个体发育过程中最早产生的抗体。 BCR 的主要成分；五聚体，分子量最大的抗体；是感染早期的主要抗体；参与Ⅱ、Ⅲ型超敏反应；激活补体能力比 IgG 强；抗原刺激后出现最早的抗体
IgA	分为 2 种：①单体：存在于血液中。②二聚体：存在于黏膜、初乳、唾液、泪液、呼吸道黏膜、消化道黏膜、泌尿生殖道黏膜。是黏膜免疫的抗体分子
IgD	含量低，占抗体总量的 1%；单体结构；是 B 细胞的重要表面标志；功能尚不甚清楚。 B 细胞的分化过程中首先出现分泌型 IgM，后来出现分泌型 IgD，它的出现标志着 B 细胞的成熟
IgE	又称亲细胞抗体，可与肥大细胞、嗜碱性粒细胞上的高亲和力 Fc 受体结合，引起Ⅰ型超敏反应

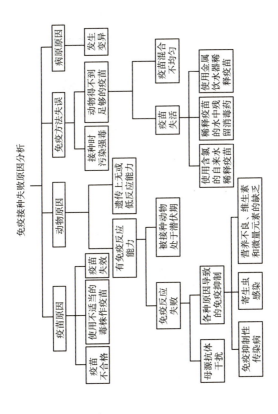

第一部分　兽医细菌学★★★★☆

▶▶ 第一单元　细菌的结构与生理

细菌是原核生物界中的一大类 单细胞微生物。

1. 个体形态　可分球菌、杆菌和螺形菌；群体形态为菌落（菌苔）。

2. 基本结构　细胞壁（肽聚糖）、细胞膜、细胞质和核体。

①细胞壁　肽聚糖（黏肽）、磷壁酸、脂多糖（内毒素）、染色特性、L型细菌。

②质粒　细菌染色体外的遗传物质，闭合环状双股DNA分子。

3. 特殊结构　荚膜、鞭毛、菌毛和芽孢。

①荚膜　抵御吞噬细胞的吞噬（胞内菌感染）。

②鞭毛　运动器官。

③菌毛　普通菌毛（黏附）和性菌毛（接合），可在电子显微镜下观察到。

④芽孢　不是繁殖方式，是休眠状态，是抵抗不良环境的特殊存活形式。一般以是否杀灭芽孢作为判断灭菌或消毒是否彻底的标准。

4. 染色方法　革兰氏染色、瑞氏染色法、特殊染色。

①革兰氏染色　革兰氏阴性菌（红色）和革兰氏阳性菌（蓝紫色）（初染、媒染、脱色、复染）。

②抗酸染色法　结核分枝杆菌，阳性为红色。

③柯兹洛夫斯基染色　布鲁氏菌，阳性为红色。

5. 巴氏消毒　低温长时间，在 63～65℃条件下持续 30min。

6. 奶牛"两病"（布鲁氏菌病和结核）的检测　试管凝集试验和变态反应。

7. 生长繁殖基本条件　温度和酸碱度。

8. 群体生长繁殖　迟缓期、对数期（重点）、稳定期、衰亡期。

9. 细菌代谢产物　热原质（又称致热原）、毒素、侵袭性酶类（如透明质酸酶，促使细菌扩散）。

10. 培养基

①麦康凯培养基　大肠杆菌（红色）、沙门氏菌（无色）、支气管败血波氏杆菌（蓝灰色）。

②厌氧培养基　疱肉培养基。

▶▶ **第二单元　细菌的感染☆**

1. 正常菌群的作用　拮抗作用、营养作用、免疫作用（非特异性）。

2. 细菌的毒力因子——毒素

①外毒素　为革兰氏阳性菌，在生长过程中分泌到

胞外的有毒物质，经 0.3‰～0.4‰甲醛处理，得到类毒素，可用于预防注射。

②内毒素　革兰氏阴性菌细胞壁的物质，主要成分是脂多糖。

3. 毒血症　即病原菌侵入机体后，仅在局部生长繁殖而不入血，但其产生的外毒素（并非病原）入血，到达易感组织和细胞，引起特殊的毒性症状。

▶ 第三单元　细菌感染的诊断

1. 样品保存液　30%甘油缓冲盐水（细菌）、50%甘油缓冲盐水（病毒）。

2. 诊断

①生化反应　肠道杆菌鉴定。

②特异性 IgM 抗体　早期诊断。

③聚合酶链式反应（PCR）　DNA 体外扩增技术。

▶ 第四单元　消毒与灭菌★

1. 主要概念　消毒（杀灭病原微生物）、灭菌（杀灭所有微生物）、无菌（状态）、防腐（抑制微生物）。

2. 物理方法

①热力灭菌　干热和湿热灭菌；在同一温度下湿热效果好。

②高压蒸汽灭菌法（121.3℃，15～30min）　是应

用最广、效果最好的方法。

③煮沸法　100℃ 30min 左右，加入 2%碳酸钠可提高沸点。

④巴氏消毒法　用于葡萄酒、牛奶等的消毒。低温长时间（63～65℃ 30min）、高温短时间（71～72℃ 15s）、超高温瞬时间（132℃ 1～2s）。

⑤热空气灭菌法　160℃ 2h。

⑥紫外线　265～266nm，用于表面消毒（穿透力弱）、空气消毒。

⑦电离辐射　"冷灭菌"，穿透力强，医用塑料制品消毒。

⑧滤过除菌　0.22～0.45μm，不能除去病毒、支原体。

3. 化学方法

①过氧乙酸　过氧化物类，不属于酸类。

②氢氧化钠（烧碱）　2%水溶液杀灭繁殖体和病毒，4%溶液 45min 杀灭芽孢。

生石灰：一般配成 20%的石灰乳涂刷厩舍墙壁、畜栏及地面消毒。

③熏蒸消毒　温度应不低于 15℃，相对湿度60%～80%。

④乙醇（75%）、碘酊（2%～5%）。

⑤季铵盐类（改变细菌细胞壁或细胞膜通透性，常

执业兽医资格考试考前速记口袋书

用浓度 0.1%左右)。

▶▶ 第五单元　主要的动物病原菌★★★★☆

1. 球菌　链球菌，α 溶血 (不完全溶血)、β 溶血 (完全溶血)、γ 溶血 (完全不溶血)。

①猪链球菌　1、2、7、9 型是致病菌，2 型最常见；斑马鱼是动物模型。

②蜜蜂的病原

病名	病原
欧洲幼虫腐臭病	蜂房球菌
美洲幼虫腐臭病	拟幼虫芽孢杆菌 (培养特征:"巨鞭")
白垩病	蜜蜂球囊菌 (孢囊深墨绿色)

③蚕的病原

病名	病原
白僵病	白僵菌、真菌 (可观察到大量的菱形结晶)
质型多角体病毒	呼肠孤病毒科
核型多角体病毒	杆状病毒科

2. 肠杆菌 大肠杆菌和沙门氏菌。

①大肠杆菌 麦康凯培养基（发酵乳糖）中为红色菌落；伊红-亚甲蓝琼脂中为黑色带金属闪光的菌落。

②沙门氏菌 麦康凯培养基（不发酵乳糖）中为无色透明菌落。可分为专嗜性沙门氏菌、偏嗜性沙门氏菌、泛嗜性沙门氏菌（鼠伤寒沙门氏菌）。

3. 巴氏杆菌科及相关属

①多杀性巴氏杆菌 两极着色。

病名	病原
牛出血性败血症	巴氏杆菌
牛肺疫（牛传染性胸膜肺炎）	支原体
猪出血性败血症（猪肺疫）	巴氏杆菌
猪传染性胸膜肺炎	放线杆菌
猪萎缩性鼻炎	巴氏杆菌＋支气管败血波氏杆菌

②鸭疫里氏杆菌 雏鸭传染性浆膜炎；主要感染2～3周龄雏鸭；引起的疾病病理变化与禽大肠杆菌类似（"三炎"：心包、肝脏、气囊纤维素性渗出炎症）。

③嗜血杆菌 要点：副猪嗜血杆菌、巧克力培养

基、X因子和V因子、格拉瑟病。

④猪胸膜肺炎放线杆菌　要点：巧克力培养基、V因子、CAMP试验阳性。

4. 革兰氏阴性需氧杆菌

①布鲁氏菌　人畜共患（波浪热），病原局限于腺体组织和生殖器官（赤鲜醇），胞内菌感染。主要有三种检测方法（首先出现凝集反应，消失较早；其次出现补体结合反应，消失较晚；最后出现变态反应，保持时间较长）。

②鼻疽伯氏菌　马、骡、驴等单蹄兽鼻疽，施特劳斯（Strauss）反应。

③支气管败血波氏菌　犬传染性气管支气管炎（幼犬窝咳）和兔传染性鼻炎。

幼犬窝咳：支气管败血波氏菌＋副流感病毒Ⅱ型＋犬腺病毒Ⅱ型。

5. 革兰氏阳性无芽孢杆菌　产单核细胞李氏杆菌：4℃可生长，易污染冷藏食品，常呈V字形排列。

6. 革兰氏阳性产芽孢杆菌

炭疽芽孢杆菌　要点：菌体致病菌中最大，两端平切（竹节状），阳性，在机体内有荚膜（无芽孢），在外界有芽孢（无荚膜），粗糙型菌落，Ascoli沉淀反应。

7. 分枝杆菌属　结核分枝杆菌、牛分枝杆菌（人畜共患）、禽分枝杆菌和副结核分枝杆菌。

①牛分枝杆菌　要点：迟发性变态反应（Ⅳ型变态反应）、罗杰二氏培养基。

②副结核分枝杆菌　要点：间歇性腹泻＋增生性肠炎。

8. 猪痢疾螺旋体　猪痢疾（黑痢），特征病变在大肠。

9. 支原体（霉形体）　要点："煎荷包蛋状"、禽类慢性呼吸道病（支原体）、猪气喘病（猪肺炎支原体）、牛传染性胸膜肺炎/牛肺疫（支原体）。

10. 嗜血支原体（附红细胞体）　寄生于动物血液里，可附着在红细胞的表面，或游离于血浆中的一种单细胞微生物。猪附红细胞体病是由附红细胞体引起的一种人畜共患传染病，以贫血、黄疸和发热为特征。

第二部分　兽医病毒学

▶ 第六单元　病毒基本特性及检测★★☆

1. 病毒　要点：最小的微生物，测量单位为纳米（nm），痘病毒（最大）、圆环病毒（最小），电子显微镜观察，活细胞内存活，无完整的细胞结构，核酸（DNA 或 RNA），复制（增殖）。

2. 病毒结构　要点：核酸（DNA 或 RNA）和蛋

白质（结构蛋白和非结构蛋白），囊膜（有/无），噬菌体属于尾病毒目。

3. 病毒的增殖　要点：实验动物、鸡胚、细胞。

4. 重要概念　细胞病变（细胞圆缩、肿大、形成合胞体或空泡）、包含体〔某些病毒感染细胞产生的特征性的形态变化，光学显微镜可检测、狂犬病病毒 Negri 氏体、疱疹病毒"猫头鹰眼"〕、空斑（在细胞中进行，是纯化、滴定、定量病毒的一个重要手段）。

▶ 第七单元　**主要的动物病毒 ★★★★☆**

病毒所属科	病毒
痘病毒科	绵羊痘病毒与山羊痘病毒、黏液瘤病毒
非洲猪瘟病毒科	非洲猪瘟病毒
疱疹病毒科	伪狂犬病病毒、牛传染性鼻气管炎病毒、马立克氏病病毒、禽传染性喉气管炎病毒、鸭瘟病毒
腺病毒科	犬传染性肝炎病毒、产蛋下降综合征病毒

（续）

病毒所属科	病毒
细小病毒科	猪、犬、猫、鹅细小病毒
圆环病毒科	猪圆环病毒
反转录病毒科	禽白血病病毒、马传染性贫血病毒
呼肠孤病毒科	蓝舌病毒、质型多角体病毒、禽呼肠孤病毒
双 RNA 病毒科	传染性法氏囊病病毒
副黏病毒科	新城疫病毒、小反刍兽疫病毒、犬瘟热病毒
弹状病毒科	狂犬病病毒、牛暂时热病毒
正黏病毒科	禽流感病毒
冠状病毒科	禽传染性支气管炎病毒、猪传染性胃肠炎病毒
动脉炎病毒科	猪繁殖与呼吸综合征病毒
微 RNA 病毒科	口蹄疫病毒、猪水疱病病毒、鸭肝炎病毒

（续）

病毒所属科	病毒
嵌杯病毒科	兔出血症病毒
黄病毒科	猪瘟病毒、牛病毒性腹泻病毒、日本脑炎病毒
朊病毒	疯牛病病毒、绵羊痒病病毒

1. 绵羊痘病毒与山羊痘病毒　二者之间存在共同抗原，呈交叉反应。

2. 黏液瘤病毒　要点：兔子，吸血昆虫机械传递，头部广泛肿胀呈"狮子头"状，鸡胚（痘疱）。

3. 非洲猪瘟病毒（ASFV）　唯一已知核酸为DNA的虫媒病毒，由软蜱传播，是WOAH规定的通报疾病。

4. 伪狂犬病病毒　要点：猪为原始宿主，并作为储存宿主；基因缺失苗（TK-/gE-），区分免疫猪和野毒感染猪；仔猪表现为发热及神经症状。

5. 马立克氏病病毒　要点：异源疫苗（火鸡疱疹病毒疫苗）；4种病型（内脏型、神经型、皮肤型、眼型），致肿瘤特性。

6. 禽传染性喉气管炎病毒　病禽咳出血样黏液。

7. 犬传染性肝炎病毒 1 型致犬的传染性肝炎（"蓝眼"），2 型致幼犬传染性气管支气管炎。

8. 产蛋下降综合征病毒 要点：六邻体蛋白是主要结构蛋白、蛋是主要传染源。

9. 猪细小病毒 要点：VP2 是主要免疫原性蛋白；具有血凝特性的血凝部位分布在 VP2 蛋白；初产母猪发生流产等，而母猪本身并不表现临床症状。

10. 犬细小病毒 要点：心肌炎型和肠炎型，番茄汁样粪便。

11. 鹅细小病毒 要点：小鹅瘟病毒，3～20 日龄小鹅；卵黄抗体，被动免疫。

12. 猪圆环病毒 要点：PCV1 无致病性，PCV2 有致病性；断奶猪多系统衰竭综合征（PWMS）。

13. 马传染性贫血病毒（EIAV） 要点：马属动物，发热、严重贫血、黄疸等，首先感染巨噬细胞，然后是淋巴细胞，所有感染马终身出现细胞结合的病毒血症。

14. 蓝舌病毒（BTV） 要点：蓝舌病，绵羊，WOAH 规定的通报疾病，吸血昆虫（库蠓）传播；表现为高热、口、鼻黏膜高度充血，唇部水肿，继而发生坏疽性鼻炎、口腔黏膜溃疡、蹄部炎症及骨骼肌变形。

15. 传染性法氏囊病病毒 要点：侵害法氏囊，免疫抑制。

16. 新城疫病毒　要点：RNA 病毒；纤突；血凝素神经氨酸酶（HN）、融合蛋白（F）。

17. 小反刍兽疫病毒　要点：对山羊及绵羊致病，WOAH 规定的通报疫病；症状与牛瘟相似，消化道糜烂性损伤，回肠、盲肠、盲-结肠交界处和直肠严重出血。

18. 犬瘟热病毒　要点：双相热、与麻疹病毒和牛瘟病毒有共同抗原。

19. 狂犬病病毒　要点：脑组织切片检测 Negri 氏体。

20. 牛暂时热病毒　要点：牛流行热病毒或三日热病毒，病程最短。

21. 流感病毒　要点：8 个片段，RNA 病毒，H5/H7 为高致病，WOAH 规定的通报疾病；血凝素（H）、神经氨酸酶（N）。

22. 禽传染性支气管炎病毒　要点：鸡胚卷缩并矮小化。

23. 猪繁殖与呼吸综合征病毒　要点：PRRSV，"蓝耳病"，抗体依赖性增强作用。

24. 口蹄疫病毒　要点：7 个血清型，偶蹄目动物，虎斑心，3ABC 抗体可区分野毒感染与疫苗接种。

25. 鸭肝炎病毒　要点：主要感染 5 周龄以内的小鸭，角弓反张。

26. 兔出血症病毒（RHDV） 要求：VP60 是病毒免疫保护性抗原。

27. 猪瘟病毒（CSFV） 要点：E2 是保护性抗原，三个特征性的病理变化。

28. 日本脑炎病毒（JEV） 要点：蚊虫叮咬传播；猪是主要的储存宿主和扩散宿主。

29. 朊病毒 要点：传染性海绵状脑病的病原，"疯牛病"，传染性的蛋白质颗粒无核酸。

第三部分　兽医免疫学

▶▶ 第八单元　抗原与抗体 ★★★★☆

1. 抗原 要点：免疫原性、反应原性、半抗原、完全抗原。

分类：异种抗原、同种异型抗原（血型抗原）、异嗜性抗原、自身抗原。

2. 抗体 IgG（IgY）、IgM、IgA、IgE 和 IgD 五种。

①IgG 含量最高，主要抗体，持续时间长。

②IgM 最早产生，抗感染免疫的早期作用，早期诊断。

③IgA 黏膜免疫。

④IgE 介导Ⅰ型过敏反应，在抗寄生虫感染中具有重要的作用。

▶▶ 第九单元　免疫系统★

1. 免疫系统　包括免疫器官、免疫细胞、免疫分子。

2. 主要免疫器官　中枢免疫器官（骨髓、胸腺、法氏囊）、外周免疫器官（脾脏、淋巴结、哈德氏腺、其他淋巴组织）。

3. 免疫活性细胞　T细胞和B细胞。

4. 抗原递呈细胞（APC）　单核吞噬细胞、树突状细胞、B细胞。

5. 细胞因子　干扰素（IFN-α来源于病毒感染的白细胞，IFN-β由病毒感染的成纤维细胞产生，IFN-γ为免疫调节因子）。

6. 补体　56℃ 30min可灭活。

▶▶ 第十单元　免疫应答☆

免疫应答包括先天性免疫应答和获得性免疫应答。主要包括致敏阶段、反应阶段、效应阶段。

1. 产生的部位　外周免疫器官。

2. 细胞免疫　CTL、TDTH细胞。

3. 体液免疫　要点：B细胞、抗体、初次免疫和再次免疫。

4. 抗体的功能　中和作用、免疫溶解、免疫调理、局部黏膜免疫作用、ADCC。

▶▶ 第十一单元　变态反应 ☆

可分为Ⅰ～Ⅳ四型，前三型是由抗体介导的；Ⅳ型则是细胞介导的。

1. 过敏反应型（Ⅰ型）　要点：IgE，过敏反应。

2. 细胞毒型（Ⅱ型）　要点：抗体，补体，吞噬细胞互相作用；输血反应；新生畜溶血性贫血（新生骡）。

3. 免疫复合物型（Ⅲ型）　要点：血清病、阿瑟氏（Arthus）反应。

4. 迟发型（Ⅳ型）　要点：典型细胞免疫，嗜碱性粒细胞聚集（Jones-mote）反应，接触性反应，结核菌素和肉芽肿（传染性变态反应）。

▶▶ 第十二单元　抗感染免疫 ☆

抗感染免疫是动物机体抵抗病原体感染的能力，包括先天性免疫和获得性免疫。

先天性免疫　要点：物理性屏障，分泌物，微生物代谢产物及营养竞争，可溶性分子与膜结合受体，炎症反应。

▶▶ 第十三单元　　免疫防治★

免疫可分为天然被动免疫（母源抗体）和天然主动免疫（自然感染耐过）、人工被动免疫（高免血清）和人工主动免疫（接种疫苗）

1. 疫苗　　可分为活疫苗、灭活疫苗、代谢产物和亚单位疫苗。

2. 免疫接种途径　　滴鼻、点眼、刺种、注射、饮水和气雾。

▶▶ 第十四单元　　免疫学技术★

1. 凝集反应　　要点：IgG 和 IgM，颗粒性抗原（细菌、红细胞等颗粒性抗原），鸡白痢全血平板凝集试验、试管凝集试验。

2. 沉淀反应　　要点：可溶性抗原，环状沉淀试验，琼脂凝胶扩散试验，免疫电泳技术（抗原组分可以分开）。

3. 标记抗体技术　　要点：荧光素，酶（ELISA），放射性同位素（灵敏度可达纳克至皮克级水平，是目前最敏感的分析技术）。

兽医传染病学绪论考点总结

1. 传染病的病程（发展阶段）

（1）潜伏期　病原体侵入至最早临床症状出现为止。

（2）前驱期　开始出现临床症状到出现主要症状为止。

（3）明显（发病）期　特征性症状逐步表现。有代表性的特征性症状相继出现。

（4）转归期（恢复期）　死亡、康复等。

2. 一类动物疫病（11 种）

（1）禽（1 种）　高致病性禽流感。

（2）猪（2 种）　猪水疱病、非洲猪瘟。

（3）牛（3 种）　牛瘟、牛传染病胸膜肺炎、牛海绵状脑病。

（4）羊（2 种）　痒病、小反刍兽疫。

（5）人畜共患病（2 种）　口蹄疫、尼帕病毒性脑炎。

（6）其他（1 种）　非洲马瘟。

3. 传染病流行过程的要素　传染源、传播途径（水平传播、垂直传播）、易感畜群。

4. 传染病流行过程的表现形式

（1）散发性　局部地区病例零星地散在出现，如破伤风、狂犬病等。

（2）地方流行性　局限性传播，如炭疽、猪气喘病等。

（3）流行性（暴发）　流行性疾病的传播范围广、发病率高，如猪瘟、鸡新城疫等。

（4）大流行　大流行是一种规模非常大的流行，流行范围可扩大至数省和全国，甚至可涉及几个国家或整个大陆，如口蹄疫、疯牛病。

5. 动物传染病的诊断方法

（1）临床综合诊断　流行病学诊断、临诊诊断、病理解剖学诊断。

（2）实验室诊断　病理组织学诊断、微生物学诊断、免疫学诊断（血清学试验如凝集试验，变态反应如牛结核、马鼻疽的检测方法）、分子生物学诊断（PCR技术、核酸探针技术、DNA芯片技术）。

6. 免疫　免疫防治主要有天然主动免疫、天然被动免疫、人工主动免疫、人工被动免疫四种。自然环境中存在着多种致病微生物，可通过呼吸道、消化道、皮肤或黏膜侵入动物机体，在动物体内不断增殖，同时刺激动物机体的免疫系统产生免疫应答。如果机体免疫系统能将其彻底清除，动物即可耐过发病过程而康复，耐过的动物对该病原体的再次入侵具有坚强的特异性抵抗力，这属于天然主动免疫。动物通过母体胎盘、初乳或卵黄从母体获得某种特异性抗体，从而获得对某种病原体的免疫力，称为天然被动免疫。人工主动免疫是用疫苗接种至动物体内，使之产生特异性免疫，从而预防传染病发生的措施。人工被动免疫是将含特异性抗体的血清或细胞因子等制剂注入动物体内，使机体被动地获得特异性免疫力而受到保护。

7. 消毒

（1）物理消毒　紫外线（用于室内空气消毒，波长为 200～300nm）、高压蒸气灭菌（湿热灭菌，通常压力为 103.4 kPa，温度 121.3℃，30min 即能彻底杀灭细菌芽孢，适用于耐热、耐潮物品）。

（2）化学消毒　漂白粉（有效氯含量为 25%～30%，一般用于水井）、福尔马林（也可用高锰酸钾，用于畜舍等消毒）、季铵盐类消毒剂（新洁尔灭、氯己定、消毒净、度米芬，新洁尔灭可用于皮肤、器械等消毒）。

（3）生物热消毒　生物热消毒法是一种最常用的粪便污物消毒法，通常有发酵池法和堆粪法两种。

兽医寄生虫学考点总结

1. 寄生虫的诊断

类型	方法
吸虫	沉淀
线虫、绦虫	漂浮
血吸虫	毛蚴孵化、染料、环卵试验
圆线虫	幼虫培养
心丝虫	鲜血压片（微丝蚴）、抗原抗体

2. 虫卵/幼虫形态

毛尾线虫

腰鼓状，棕黄色，两端有卵塞

类圆线虫

折刀样幼虫

莫尼茨绦虫

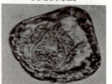

近似三角形或四角形，内有梨形器，梨形器内含六钩蚴

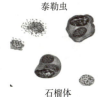

| 华支睾吸虫 | 复孔绦虫 | 泰勒虫 |

灯泡状，内含毛蚴　　　特征性卵袋　　　　石榴体

3. 各类寄生虫的幼虫

虫体	幼虫
吸虫	毛蚴
棘头虫	裂头蚴
绦虫	六钩蚴
细粒棘球绦虫	棘球蚴
心丝虫	微丝蚴（胎生）

4. 隐孢子虫的寄生部位

口诀"鼠类危险，威胁鸡肠道；其余呼吸道！"

——鼠类（鼠隐孢子）危险（寄生于胃腺），威胁（微小隐孢子）鸡（火鸡隐孢子）肠道（肠道内寄生）。

5. 体外寄生虫的生活史

能飞的（蝇，幼虫为蛆），能跳的（蚤）是完全变态（有蛹）反应。

6. 球虫病★★★★★

动物		类型	形态	主要致病种类	寄生部位
猪		等孢球虫	2个孢子囊各4个子孢子		肠黏膜上皮
犬猫					
牛羊		艾美耳球虫	4个孢子囊各2个子孢子		肠黏膜上皮
马					
兔				斯氏艾美耳球虫（最强）	胆管上皮
				其余几种艾美耳球虫	肠黏膜上皮
禽	鸡			柔嫩艾美耳球虫	盲肠
				其余几种艾美耳球虫	小肠
	鸭			毁灭泰泽球虫（最强）	小肠上皮细胞（少数寄生于肾）
				截形艾美耳球虫	肾
	鹅			其余几种艾美耳球虫	肠道

7. 吸虫病★★★★

病原		虫体	虫卵	寄生部位	生活史
片形吸虫	肝片形吸虫	扁平、叶片状，有头锥。雄性睾丸高度分支，雌性卵巢呈鹿角状	黄褐色、长卵圆形	肝脏、胆管内	随粪入水，成毛蚴，遇椎实螺后成尾蚴，出螺成囊蚴，动物吞食水或植物上的囊蚴而感染
	大片形吸虫	体长与宽之比约为5∶1，虫体侧缘"肩"部不明显，腹吸盘较大，约为口吸盘的1.5倍			
歧腔吸虫	矛形双腔吸虫	睾丸前后排列或斜列	卵圆形、黄褐色、有卵盖	胆管和胆囊	虫卵随粪被螺蛳吞食，成尾蚴，从螺体排出后附于植物上，蚂蚁吞食了尾蚴后变为囊蚴，牛羊吃草时吞入蚂蚁而感染
	中华双腔吸虫	睾丸左右排列			
东毕吸虫		呈C形弯曲		门脉系统	

8. 猪线虫病★★★★★

病原	别称	虫卵	部位	感染渠道	典型症状	诊断
食道口线虫	结节虫	卵壳薄,内有胚细胞	结肠内	动物吞进披鞘的感染性幼虫后感染	肠壁上形成粟粒状结节	漂浮法
毛尾线虫	鞭虫	腰鼓状,棕黄色,两端有卵塞	大肠(盲肠)	虫卵随饲料及饮水被宿主吞食	消瘦和贫血;粪带血和脱落的黏膜;顽固性下痢	漂浮法
(兰氏)类圆线虫		椭圆形,卵内有折刀样幼虫	小肠	皮肤或口感染	消化障碍、腹痛、下痢,便中带血;皮肤湿疹样病变;肠黏膜充血,并间有斑点状出血	沉淀法(幼虫培养)

(续)

病原	别称	虫卵	部位	感染渠道	典型症状	诊断
胃圆线虫	类食道口线虫		胃	吞食感染性幼虫	胃炎，消瘦、腹泻；胃底部黏膜红肿或覆以假膜	沉淀法

9. 牛羊线虫病★★★★★

线虫种类	别名	寄生部位
捻转血矛线虫	/	皱胃
仰口线虫	钩虫	小肠
食道口线虫	结节虫	结肠
毛尾线虫	鞭毛虫	大肠（盲肠）
犊新蛔虫		小肠（卵壳厚，蜂窝状，内有一卵细胞）

10. 绦虫的幼虫 ★★★★

幼虫	成虫	终末宿主	寄生部位	症状
囊尾蚴	有钩绦虫	人	肌肉	肌肉异常发达，舌底结节
棘球蚴	细粒棘球绦虫	犬	肝、肺	
细颈囊尾蚴	泡状带绦虫	犬猫	肝脏浆膜、大网膜、肠系膜	"水铃铛"
脑多头蚴	多头绦虫	犬	脑与脊髓	神经症状
裂头蚴	孟氏迭宫绦虫	犬	肌肉和内脏器官	

11. 牛羊肺线虫 ★★★★★

类型	终末宿主	名称	寄生部位
大型肺线虫	羊	丝状网尾线虫	气管，支气管（肺部）
	牛	胎生网尾线虫	

12. 吸虫的生活史★★★★

①华支睾吸虫

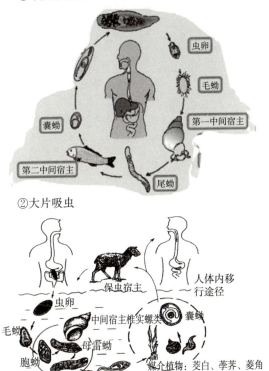

②大片吸虫

13. 寄生虫常用药物

种类		药物
吸虫		吡喹酮、阿苯达唑（丙硫咪唑）、三氯苯达唑
线虫		咪唑类药物、伊维菌素
绦虫		阿苯达唑、吡喹酮等
体外寄生虫		伊维菌素、溴氰菊酯
原虫	球虫	磺胺类、托曲珠利、氨丙啉、莫能菌素
	巴贝斯虫	三氮脒、咪唑苯脲
	泰勒虫	
	伊氏锥虫	喹嘧胺、三氮脒
	利什曼原虫	葡萄糖酸锑钠

1. 生态系统

生态平衡及影响因素　生态系统相对平衡；影响因素：物种、环境因子、信息系统等改变。

2. 危害

(1) 有害物质的靶器官

①甲基汞和汞的靶器官　脑。

②碘化物和钴的靶器官　甲状腺。

③有机磷农药　靶器官为神经系统；效应器官为瞳孔、唾液腺。

④DDT　蓄积器官为脂肪，靶器官为中枢神经系统和肝脏。

(2) 有害物质对机体的作用

①生物浓缩（体内浓度超过外界环境）。

②生物积累（随着生长发育浓缩系数不断增大）。

③生物放大（食物链中高营养级生物体内浓度高于低营养级生物）。

(3) "三致作用"

①致癌　煤焦油（可致皮肤癌）、亚硝酸盐、石棉、双氯甲醚、镭的核聚变产物、黄曲霉毒素。

②致突变　亚硝胺类、甲醛、苯、敌敌畏。

③致畸　甲基汞。

（4）职业性传染病与地方病

①职业性传染病　炭疽、森林脑炎、布鲁氏菌病、艾滋病、莱姆病。

②地方病　克汀病（缺碘）、克山病（缺硒）。

3. 常考的污染

（1）水俣病　指汞中毒。①无机汞主要损害肝脏和肾脏；②甲基汞损害神经。

（2）铅污染　来源于工农业生产、交通运输、食品加工（皮蛋）。急性表现胃肠炎症状；慢性表现神经紊乱。有时会出现牙齿"铅线"。

（3）镉污染　主要分布于肝、肾，急性中毒表现消化道症状；慢性中毒表现骨质疏松、高钙尿。可致"痛痛病"。

（4）砷污染　三价砷的毒性大于五价砷，无机砷的毒性大于有机砷。可通过胎盘。导致"黑脚病"。

（5）氟污染　氟为亲骨元素，主要分布于骨骼和牙齿，急性中毒表现消化系统和神经系统症状；慢性中毒时表现为氟斑牙、氟骨症。

4. 常考的中毒

（1）沙门氏菌食物中毒

①季节性　7—9月多发。

②原因　食品加热不彻底；多见于肉与肉制品。

③症状　要点：急性胃肠炎；"黄沙"。

④诊断　检查食物或呕吐物中的沙门氏菌。

（2）致泻性大肠杆菌食物中毒

①病原　ETEC、EPEC、EIEC、EHEC 等多种血清型。

②季节性　夏季多发。

③症状　胃肠炎。

④诊断　病原菌和毒素鉴定。

（3）葡萄球菌食物中毒

①G^+ A 型肠毒素多见，夏秋多发生。

②中毒食品主要为乳制品。

③症状为突然恶心、喷射状呕吐、上腹部疼痛、腹泻。

（4）李斯特菌食物中毒

①G^+ 以乳制品中最多见（"冷藏菌"）。

②症状为腹泻、腹痛、发热、败血症、脑膜炎。

（5）肉毒梭菌毒素食物中毒

①3—5 月多发；厌氧菌 G^+。

②中毒食品多为家庭豆制品、肉类罐头制品。

③症状为肌肉麻痹。

5. 食品的安全性评价

①生物性指标　菌落总数（细菌污染程度）、大肠

菌群（粪便污染指标）。

②化学性指标　最高残留限量（MRLs）指食品或农产品法定允许的兽药或农药最大浓度。

6. 常考人畜共患病

(1) 按病原体储存宿主的性质分类

①动物源性人兽共畜病　棘球蚴病、旋毛虫病、马脑炎。

②人源性人畜共患病　戊型肝炎。

③互源性人畜共患病　结核、炭疽、日本血吸虫病、钩端螺旋体病。

④真性人畜共患病　猪带绦虫病及猪囊尾蚴病，牛带绦虫病及牛囊尾蚴病。

(2) 按病原体的生活史分

①直接人畜共患病　狂犬病、炭疽、结核、布鲁氏菌病、钩端螺旋体病、弓形虫病。

②媒介性人畜共患病　流行性乙型脑炎、森林脑炎、登革热、并殖吸虫病、华支睾吸虫病、利什曼原虫病。

(3) 食源性人畜共患传染病　炭疽、鼻疽、布鲁氏菌病、结核。

(4) 屠宰检疫前检验的寄生虫病

①生猪屠宰　猪囊尾蚴病、旋毛虫病。

②牛屠宰　牛囊尾蚴病、肉孢子虫病。

7. 常考的检疫

（1）**一类动物疫病** 共 11 种：口蹄疫、猪水疱病、非洲猪瘟、尼帕病毒性脑炎、非洲马瘟、牛海绵状脑病、牛瘟、牛传染性胸膜肺炎、痒病、小反刍兽疫、高致病性禽流感。

（2）**产地检疫**

①《生猪产地检疫规程》中规定的检疫对象 口蹄疫、非洲猪瘟、猪瘟、猪繁殖与呼吸综合征、炭疽、猪丹毒。

②供屠宰、继续饲养的动物提前 3d，乳用、种用动物等提前 15d。

（3）**屠宰检疫**

①生猪屠宰检疫对象 口蹄疫、非洲猪瘟、猪瘟、猪繁殖与呼吸综合征、炭疽、猪丹毒、囊尾蚴病、旋毛虫病。

②重要疫病的检疫与处理★★ 根据临床症状、病理特征判断。

8. 常见乳品掺假物

（1）水。

（2）**电解质** 为了增加乳的密度或掩盖乳的酸败。中性盐类为食盐、芒硝等物质。

（3）**碱性物质** 碳酸氢钠、碳酸钠、明矾、石灰水、氨水。

(4) 非电解质物质　尿素、蔗糖等增加乳的相对密度。

(5) 胶体物质　米汤、豆浆、明胶等。

(6) 防腐物质　甲醛、苯甲酸、水杨酸、硼酸及其盐类、过氧化氢等。

9. 消毒

(1) 带畜消毒　0.1%新洁尔灭、0.3%过氧乙酸、0.1%次氯酸钠。

(2) 场地环境消毒　2%氢氧化钠（火碱）消毒或撒生石灰；漂白粉。发病时浓度适当增加。

(3) 排出的污水消毒　氯化消毒，或紫外线灯经过0.3s 即达到消毒的目的。

(4) 污水处理测定指标　生化需氧量（DOD）：微生物氧化分解所用指标。化学需氧量（COD）：化学氧化剂所用指标。

10. 病害动物及其产品生物安全处理

(1) 销毁　★★★

①销毁对象　口蹄疫、猪水疱病、猪瘟、非洲猪瘟、非洲马瘟、牛瘟、牛传染性胸膜肺炎、牛海绵状脑病、痒病、绵羊梅迪-维斯纳病、蓝舌病、小反刍兽疫、绵羊痘和山羊痘、山羊关节炎/脑炎、高致病性禽流感、鸡新城疫、炭疽、鼻疽、狂犬病、羊快疫、羊肠毒血症、肉毒梭菌毒素中毒、羊猝疽、马传染性贫血、猪痢

疾、猪囊尾蚴病、急性猪丹毒、钩端螺旋体病（已黄染肉尸）、布鲁氏菌病、结核、鸭瘟、野兔热。

②操作方法　掩埋：坑底铺 2cm 厚生石灰，上层应距地表 1.5m 以上，不适用于炭疽、牛海绵状脑病、痒病。

（2）生物热消毒法　是对粪便经济有效的消毒法。炭疽、气肿疽病畜的粪便只能焚烧或经有效消毒后深埋。

11. 防护要求

（1）诊疗机构　选址距离畜禽养殖场、屠宰加工厂、动物交易场所不少于 200m。

（2）预防措施

①防护镜　有体液或其他污染物喷溅的操作时使用。

②外科口罩　接触高危性人兽共患传染病病畜群时使用。

③手套　操作人员皮肤破损或接触体液或破损皮肤黏膜的操作时使用。

④鞋套　进入高危险性人畜共患病病区时使用。

兽医临床诊断学考点总结

1. 临床基本检查方法★

（1）触诊（触感）

①捏粉样（生面团感）　常于皮下水肿时出现。

②波动感　常于血肿、脓肿时出现。

③坚实感　常于炎症时出现。

④气肿感（捻发音）　常于皮下气肿时出现。

（2）听诊范围　心血管系统（听取心音）；呼吸系统（听取呼吸音，如喉、气管、支气管及肺泡呼吸音）；消化系统（听取胃肠蠕动音）；生殖系统（听诊胎心音）。

2. 皮下组织检查★★

（1）皮下浮肿（皮下水肿）　特征为局部无热、无痛反应，指压如生面团并留指压痕。

（2）皮下气肿　触诊时出现捻发音，局部肿胀、无热痛反应。

（3）脓肿、血肿　多呈圆形突起，触诊多有波动感，见于局部创伤或感染。

（4）疝　呈圆形或近似圆形肿胀，触诊柔软，疝内容物可还纳入腹腔，并可摸到疝孔，如腹股沟疝、脐疝、阴囊疝、会阴疝。

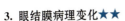

3. 眼结膜病理变化★★

(1) 苍白 贫血。逐渐苍白的，见于慢性消耗性疾病，如肠道寄生虫病、营养性贫血。

(2) 潮红 血液循环障碍。树枝状充血常见于血液循环障碍性疾病。

(3) 黄染 胆色素代谢障碍。常见原因有：肝脏疾病、胆管阻塞、溶血等。

(4) 结膜发绀 缺氧。见于肺部疾病、心力衰竭、亚硝酸盐中毒等。

4. 体温测定——热型★★

(1) 稽留热 每天的温差不超过 1℃，见于大叶性肺炎。

(2) 弛张热 每天的温差常超过 1℃ 以上，见于小叶性肺炎。

5. 心脏听诊——心杂音★★

(1) 心外杂音 心包拍水音（见于心包积液）、心包摩擦音（见于创伤性网胃心包炎）、心肺杂音（见于胸膜炎）。

(2) 心内杂音 器质性杂音（见于心脏肥大）、非器质性杂音（见于贫血）。

6. 鼻液性状检查★★

(1) 浆液性鼻液 清淡如水样、无色透明，见于呼吸道浆液性炎症。

（2）**黏液性鼻液**　蛋清样或粥状，呈灰白色，见于呼吸道卡他性炎症。

（3）**脓性鼻液**　黏稠浑浊，呈糊状、似凝乳状，呈不同程度黄色，常见于化脓性鼻炎等。

（4）**腐败性鼻液**　异物性肺炎的重要特征。

（5）**出血性鼻液**　带血丝、有凝血块及全血，表明鼻出血。红色并带有小气泡，表明有肺水肿、肺充血或肺出血。

（6）**铁锈色鼻液**　大叶性肺炎和传染性胸膜肺炎的特征。

7. 肺脏叩诊——异常叩诊音★★★★★

（1）**浊音、半浊音**　见于各种类型的肺炎、肺充血、肺水肿、肺脓肿、胸腔积液等。

（2）**鼓音**　见于气胸等。

（3）**过清音**　主要见于肺气肿。

8. 肺脏听诊——病理性呼吸音★★★★★

（1）**干啰音**　见于小叶性肺炎等。

（2）**湿啰音**　主要见于各型肺炎、肺水肿、肺出血等。

（3）**胸膜摩擦音**　可见于传染性胸膜肺炎等。

（4）**拍（击）水音**　见于胸腔积液。

9. 口腔、鼻腔呼出气体有烂苹果味★★（或丙酮味）　预示患有酮病。

10. 瘤胃检查 ★★★★★

	正常	前胃弛缓	瘤胃臌气	瘤胃积食
视诊	左肷部稍凹陷	变化不大	左侧上部突出	左侧下部突出
触诊	坚实	内容物柔软	弹性增强	坚实或坚硬
叩诊	上呈鼓音，中呈半浊音，下呈浊音	叩诊不明显	鼓音区扩大	浊音区扩大
听诊	雷鸣音、远炮音或沙沙音，1～3次/min	减少甚至消失	初期增强后期减弱	减弱甚至消失

11. 网胃检查 ★★★★★　牛患有创伤性网胃炎、创伤性网胃心包炎，做上下坡运动时愿意上坡而不愿意下坡，采用捏压法（耆甲反射）、拳顶法、抬杠法检查时呈阳性。

12. 瓣胃检查 ★★★★★　瓣胃阻塞时，听诊蠕动音减弱，触诊可摸到坚实、膨大的瓣胃（正常摸不到），瓣胃穿刺有沙粒感。

13. 皱胃检查★★★★★

	正常	皱胃炎	皱胃阻塞	皱胃变位
视诊	与左侧对称	变化不大	右侧下部突出	右侧上部或者左侧下部突出
触诊	柔软	内容物稀软	坚实	振水音
叩诊	浊音	叩诊不明显	浊音区扩大	钢管音
听诊	流水音或含漱音	增强	初期减弱后期消失	

14. 血常规检查★★★★★

（1）红细胞及血红蛋白增多见于脱水，减少见于贫血。

（2）血细胞比容增高见于呕吐、腹泻；降低见于贫血。

（3）中性粒细胞增多常见于急性细菌感染和化脓性炎症，中性粒细胞减少常见于细小病毒病、猫瘟、猫白血病等。

（4）嗜酸性粒细胞增多常见于过敏性疾病、寄生虫病等。

（5）血沉加快常见于炎症，减慢常见于脱水。

（6）交叉配血试验　玻片上主、次侧的液体都均匀红染，无红细胞凝集现象；显微镜下观察红细胞界线清楚，表示配备相合，可以输血。如主、次两侧或主侧红细胞凝集呈沙粒状团块，液体透明；显微镜下观察，红细胞堆积在一起，分不清界限，表示配备不合，不能输血。

15. 生化检查★★★★★

（1）血糖、尿糖升高预示糖尿病。

（2）血钾（正常为 3.3～5.5mmol/L）升高见于肾衰竭、尿道阻塞等；血钾降低见于呕吐、腹泻等。

（3）血钙（正常为 2～3mmol/L）降低见于产后瘫痪、佝偻病、骨软症等。

（4）血磷、尿素氮、肌酐升高见于肾衰竭；血磷降低见于牛产后血红蛋白尿症。

（5）总蛋白或者白蛋白浓度降低、总胆红素升高常见于肝脏疾病。

（6）当器官发生疾病时，相应的生化酶指标会升高。常见器官疾病及对应的酶指标如下。反映肝脏疾病的特异性血清酶：丙氨酸氨基转移酶（ALT）、天门冬氨酸氨基转移酶（AST）、碱性磷酸酶（ALKP）。反映心肌病变的特异性血清酶：肌酸激酶（CK）。反映骨骼肌、脑组织疾病的特异性血清酶：肌酸激酶（CK）。反映胰腺疾病的特异性血清酶：α-淀粉酶、脂肪酶（LPS）。

16. 尿液检查★★　　常见的红尿有3种。

（1）血尿　　血尿的特点是浑浊而不透明，镜检可发现多量红细胞，如血尿排于地面上，可见血丝或血块。见于泌尿系统出血性疾病，如尿道损伤、膀胱结石、肾脏出血。

（2）血红蛋白尿　　特点是尿液呈红褐色或呈酱油色，尿液透明、均匀，放置或离心后无沉淀，镜检无红细胞。血红蛋白尿是溶血性疾病的标志，见于巴贝斯虫病等。

（3）肌红蛋白尿　　尿色为红褐色，可见于马肌红蛋白尿症等。

尿沉渣检查出现管型预示患有肾炎。

17. X线检查★★★★

（1）呼吸系统常见疾病X线特征

①小叶性肺炎　　斑点状或大小不一的云絮状阴影。

②大叶性肺炎　　大面积的阴影（心脏轮廓不清晰）。

③胸腔积液　　胸腔下部有水平状阴影。

④膈疝　　膈肌显示不全、胸腹腔界限不清。

⑤肺水肿、肺出血、肺淤血　　肺通透性减弱（变白）。

⑥肺气肿　　肺通透性增强（变黑）。

⑦气胸　肺通透性增加（变黑、心脏移位）。

（2）消化系统常见疾病X线特征

①胃扩张-胃扭转　胃高度扩张，呈大面积黑影（气体性）或者白色阴影（食物性）。

②胃内异物　X线不透性异物，如金属性异物、骨头或石块类呈高密度白色阴影。另一类是X线可透性异物，如木质物体、透明塑料、布片等，X线难以检出，需进行造影检查。

③腹腔积液　X线显示腹部膨胀，呈烟雾朦胧阴影，清晰度下降，正常腹内组织器官结构被遮蔽而不能清晰显示。

（3）心脏常见疾病X线特征

①心脏增大　包括心脏扩张与心脏肥大。侧位X线片显示心脏轮廓圆、前后径增大，背腹位X线片表现为心脏直径变大。

②心包疝　X线检查，膈肌的部分或大部分不能显示，心脏阴影普遍增大，胸、腹的界限模糊不清。

（4）泌尿系统常见疾病X线特征

①肾（膀胱、尿道）结石　在相应部位出现单个或多个大小不一、形态不同的高密度阴影。

②子宫蓄脓　X线显示轮廓清楚、密度均匀、呈管状、袋状的中等密度阴影。

（5）骨折　X线照片可显示黑色、透明的骨折线

（纹）：**骨折愈合延迟**，骨折线仍迟迟不见消失，骨折断端不见硬化骨痂出现；**骨折不愈合**，可见原骨折线增宽，形成假关节。

18. 超声检查★★★★★

（1）**肝脏常见疾病B超影像**

①**急性实质性肝炎**　可见许多密集的回声光点，其密集程度和亮度比正常肝脏高。

②**肝脓肿**　肝脏肿大，B超声像图可见无声的液性暗区，同时可见细小的回声光点或者絮状光斑。

③**肝肿瘤**　可见大小、形态不同的团块状回声光斑。

（2）**肾脏常见疾病B超影像**

①**急性肾炎**　表现为肾脏大和皮质增厚。

②**肾结石**　结石处形成极强回声，结石后方伴有声影。

③**肾盂积水**　肾脏体积增大，少量积水可见肾盂光点分散，中间出现回声暗区，具有大量肾盂积水时形成巨大液性暗区。

（3）**膀胱结石**　膀胱内无回声区域中有致密的强回声光点或光团，后方伴有声影；膀胱壁增厚。

膀胱炎：膀胱壁增厚，黏膜下层为低回声带。

（4）**子宫蓄脓**　子宫内可见条形液性暗区，子宫壁增厚、不光滑。

19. 心电图检查：★★★

（1）**基础知识**　引导电极面向心电向量的方向，则记录出的电变化为正，波形向上；背向心电向量的方向，则记录的电变化为负，波形向下；处于等电点时（极化状态），则记录不出电变化（等电点线或基线）。

动物正常心电图由心房激动波和心室激动波组成，心房激动波以去极化产生的 P 波表示，心室激动波由心室肌去极化产生的 QRS 综合波和复极化产生的 T 波组成。

（2）**常见疾病心电图变化（精简）**　心肌炎：P-Q 间期时限缩短、T 波异常（冠状 T 波、T 波倒置、T 波电压降低）。左心房肥大：P 波增宽而有切迹。右心房肥大：P 波电压增高。左心室肥大：QRS 综合波电压增高、心电轴左偏。右心室肥大：QRS 综合波电压增高、心电轴右偏。低血钾、低血钙：Q-T 间期延长。高血钾、高血钙：QRS 波群增宽，P-R 间期延长。窦性心动过速：P-T 间期缩短。

20. 常见组织器官穿刺部位：★★★

（1）**胸腔穿刺**　牛、羊右侧第 6 肋间或左侧第 7 肋间，猪、犬右侧第 7 肋间，与肩关节水平线交点下方 2~3cm 处，胸外静脉上方约 2cm 处。

（2）**腹腔穿刺**　牛、羊在脐与膝关节连线的中点。猪、犬、猫穿刺部位均在脐与耻骨前缘连线的中间腹白线上或腹白线的侧旁 1～2cm 处。

（3）瘤胃穿刺　在左侧肷窝部，由髋结节向最后肋骨所引水平线的中点，牛距腰椎横突下方 10～12cm，羊距腰椎横突下方 3～5cm 处，也可选在瘤胃隆起最高点穿刺。

（4）瓣胃穿刺　瓣胃位于右腹部 7～9 肋间，穿刺取右侧第 8 肋间后缘。

（5）皱胃穿刺　穿刺取右侧第 10 肋间肋弓下方。

（6）膀胱穿刺　牛、马可通过直肠对膀胱进行穿刺，猪、羊、犬在耻骨前缘白线侧旁 1cm 处。

兽医内科学考点总结☆

▶ **第一单元　口腔、唾液腺、咽和食管疾病**

病名	特征性症状
口炎	泡沫性流涎；采食、咀嚼障碍；黏膜潮红、增温、肿胀和疼痛
唾液腺炎	以腮腺炎多见，腺体肿大、变硬，流涎，采食困难，咀嚼缓慢
咽炎	流涎，吞咽障碍，咽部触诊肿胀、疼痛
食管炎（新增）	胃导管探诊
食管阻塞	突然发病，咽下障碍
食管憩室	胃导管探诊、X线检查、食管造影和内窥镜检测

▶▶ 第二单元　反刍动物前胃和皱胃疾病 ★★★★★

病名	特征性症状
前胃迟缓	食欲减退、反刍障碍、前胃蠕动机能减弱
瘤胃积食	难消化，瘤胃蠕动音消失、腹部膨满、触诊瘤胃黏硬或坚硬
瘤胃臌气	易产气，呼吸极度困难，腹围急剧膨大，触诊瘤胃紧张而有弹性
创伤性网胃腹膜炎	顽固的前胃弛缓症状和触压网胃表现疼痛
瓣胃阻塞	前胃弛缓，瓣胃听诊蠕动音减弱或消失，触诊疼痛，排粪干少且色暗
皱胃变位	左：左侧9~12肋弓下缘、肩-膝水平线，有流水音和钢管音。右：右侧9~12肋，或在7~10肋肩关节水平线，有钢管音
皱胃扭转	脱水、低血钾、代谢性碱中毒、皱胃机械性排空障碍
皱胃阻塞	皱胃区局限性膨隆，有钢管音，穿刺内容物pH为1~4
皱胃溃疡	粪便有血液（潜血检查阳性），呈松馏油样，贫血

▶▶ 第三单元　其他胃肠疾病 ★★★★

病名	特征性症状
幼畜消化不良	腹泻，粪便有酸臭味，混有未消化的饲料，体重变化不大
胃炎	以呕吐、胃压痛及脱水为特征
犬胃扩张-扭转综合征	突然腹痛、躺卧、口吐白沫，腹部叩诊鼓音或金属音
犬猫胃肠异物	间断性呕吐史，呈进行性消瘦，腹部触诊敏感
马急性胃扩张	由轻中度腹痛变为持续性剧烈腹痛
肠炎	以消化紊乱、腹痛、腹泻、发热为特征
肠变位	腹痛由剧烈转为平静，腹腔穿刺液量多，红色浑浊
肠便秘	排便不畅，腹痛，肠音减弱或消失，大便干结（硬粪块）

▶ 第四单元　肝胆、腹膜和胰腺疾病★★★

病名	症状
肝炎	胆红素含量增高，引起黄疸；迷走神经兴奋，心跳减慢；先便秘后下痢；维生素K减少，出现出血性素质；酸中毒、肝性昏迷。乳酸脱氢酶（LDH）、谷丙转氨酶（ALT）、门冬氨酸转氨酶（AST）等反映肝损伤的血清酶类活性增高
胆囊炎	腹痛。白细胞数及中性粒细胞增多，核左移；血清胆红素和碱性磷酸酶升高。B超检查，可见胆管扩张、胆囊肿大，若由胆结石引起，可见由胆结石形成的光团
胆石症	消化机能和肝功能障碍，如厌食、慢性间歇性腹泻、渐进性消瘦、可视黏膜黄染等
腹膜炎	腹壁疼痛、腹腔积有炎性渗出液。腹腔积液综合征：腹围增大，腹部下侧有对称性增大而腰窝凹陷，叩诊呈水平浊音，触诊有波动或发生拍水音，确诊需进行腹腔穿刺液检查

（续）

病名	症状
胰腺炎	以突然发作的急剧上腹痛，恶心、呕吐、发热、血压降低，血、尿淀粉酶升高为特点

▶ 第五单元　呼吸系统疾病★

病名	特征性症状
鼻炎	鼻黏膜充血、肿胀，打喷嚏、流鼻液
喉炎	剧烈咳嗽，喉部疼痛，敏感肿胀
支气管炎	咳嗽、流鼻涕、不定型热、白细胞总数升高
肺充血和肺水肿	呼吸困难、黏膜发绀、泡沫状鼻液；X线检查可见肺叶阴影一致加重，肺门血管纹理显著
肺泡气肿	发病突然，呼吸困难，肺部叩诊广泛性过清音，叩诊界向后扩大，听诊肺泡呼吸音减弱，并有干或湿啰音。X线检查：可见两肺普遍性透明度增高，膈后移及其运动减弱，肺的透明度不随呼吸而发生明显改变

（续）

病名	特征性症状
间质性肺气肿	突然表现呼吸困难，肺部叩诊界不扩大，叩诊呈鼓音；肺部听诊出现破裂性啰音；气喘明显；皮下气肿；迅速发生窒息
支气管肺炎	咳嗽，弛张热，叩诊浊音，听诊捻发音和啰音；X线检查可见斑片状的渗出性阴影，大小和形状不规律，密度不均匀，边缘模糊不清，可沿肺纹理分布；血检出现白细胞总数增多
大叶性肺炎	高热稽留，流铁锈色鼻液，大便干燥，听诊支气管呼吸音，叩诊大片肺浊音区
异物性肺炎	弛张热，两鼻孔流出脓性、腐败性恶臭鼻液，叩诊病初浊音、半浊音，病后期灶性鼓音、金属音或破壶音；鼻液弹力纤维检查阳性；血常规检查异常为白细胞减少，淋巴细胞比例升高
胸膜炎	呼吸浅表急速、腹式呼吸；触诊、叩诊胸壁表现疼痛、咳嗽；听诊呈水平浊音区；听诊有胸膜摩擦音；穿刺液为渗出液（蛋白多、相对密度大）

▶ 第六单元　血液循环系统疾病 ★★

病名	特征性症状
牛创伤性心包炎	肌肉震颤，心包摩擦音发展到心包拍水音或金属音，皮下水肿
心力衰竭	呼吸困难，皮下水肿、发绀
心肌炎	发热，黏膜发绀，呼吸高度困难，皮下水肿
心内膜炎	血液循环障碍，心内器质性杂音
心脏扩张	心壁变薄，心腔增大
心脏肥大	心肌纤维变粗、体积增大
贫血	皮肤和可视黏膜苍白，心率加快，心搏增强，肌肉无力
心脏瓣膜病	心内器质性杂音，血液循环障碍

➡️ 第七单元　泌尿系统疾病★★★★

病名	特征性症状
肾炎	肾区敏感和疼痛、尿量减少、蛋白尿、血尿和高血压
肾病（非炎症性肾脏疾病）	大量蛋白尿、明显水肿及低蛋白血症，但无血尿及血压升高
尿道炎	尿频、尿痛，经常性血尿
膀胱炎	疼痛性频尿和尿中出现较多的膀胱上皮、炎性细胞、血液和磷酸铵镁结晶
膀胱麻痹	不随意排尿，膀胱充盈且无明显疼痛
尿石症	腹痛、排尿障碍和血尿
急性肾功能衰竭	少尿或无尿，氮质血症，水、电解及酸碱平衡紊乱
慢性肾功能衰竭	血肌酐显著升高，贫血，水电解质失调

▶▶ 第八单元 糖、脂肪及蛋白质代谢障碍疾病 ★

病名	特征性症状
奶牛酮病	血液、尿、乳中的酮体含量增高，血糖浓度下降
奶牛肥胖综合征	厌食、抑郁、严重的酮血症、脂肪肝
马肌红蛋白尿症	犬坐姿势，腰、臀部肌肉肿胀、变性及排红褐色肌红蛋白尿
犬猫肥胖综合征	皮下脂肪多，尤其是腹下和体两侧；食欲亢进，不耐热，易疲劳
猫脂肪肝综合征	自身不能合成精氨酸，精氨酸缺乏导致血氨升高；尿黄，黏膜发绀
犬猫糖尿病	多尿、多饮、食欲增加，体重减少。白内障，角膜浑浊，血糖高
蛋鸡脂肪肝综合征	个体肥胖，产蛋减少，有肝功能障碍或肝脏破裂
禽痛风	关节表面或内脏表面有大量白色尿酸盐沉积

▶▶ 第九单元　矿物质代谢障碍疾病★★★

病名	特征性症状
佝偻病	幼龄动物：消化紊乱，异嗜癖，跛行及骨骼变形
骨软症	成年动物：异嗜癖，跛行，骨质软化及骨变形（反刍动物，主要由磷缺乏导致）
纤维性骨营养不良	面骨和四肢关节增大及尿澄清、透明（马属动物，磷多钙少）
异食癖	采食异物，贫血，进行性消瘦
牛产后血红蛋白尿病	低磷酸盐血症、急性溶血性贫血和血红蛋白尿
母牛倒地不起综合征	低钙血症、低磷酸盐血症、低钾血症、低镁血症
笼养蛋鸡疲劳综合征	骨质疏松，骨骼变形、变脆，蛋壳质量变差
青草搐搦	兴奋不安、肌肉痉挛、搐搦，血镁浓度下降，常伴有血钙浓度下降
低钾血症	肠麻痹、室性心动过速、多尿、代谢性碱中毒、水钠潴留

▶▶ 第十单元 维生素与微量元素缺乏症 ★★★★

病名	特征性症状
维生素 A 缺乏症	生长缓慢、上皮角化、夜盲症、繁殖机能障碍以及机体免疫力低下
维生素 K 缺乏症	出血性素质
B 族维生素缺乏症	消化机能障碍、毛乱无光、少毛、脱毛、皮炎、跛行、神经症状、运动机能失调
维生素 E-硒缺乏症	猝死、跛行、腹泻和渗出性素质
铜缺乏症	贫血、腹泻、被毛褪色、共济失调
铁缺乏症	贫血、易疲劳、活力下降和生长发育受阻
锰缺乏症	骨骼畸形、繁殖机能障碍及新生畜运动失调
锌缺乏症	生长缓慢、皮肤角化不全、繁殖机能紊乱及骨骼发育异常
钴缺乏症	厌食、消瘦和贫血
碘缺乏症	繁殖障碍，黏液性水肿、脱毛，幼畜发育不良

▶▶ 第十一单元　中毒性疾病概论与饲料毒物中毒★★☆

病名	典型症状	治疗
硝酸盐及亚硝酸盐中毒	躯体末梢部位厥冷。耳尖、尾端的血管中血液量少而凝滞，呈深褐红色	特效解毒剂是亚甲蓝静脉注射；低浓度、低剂量；甲苯胺蓝治疗效果更好，静脉、肌内或腹腔注射
棉籽与棉籽饼粕中毒	①与二价铁离子结合，干扰血红蛋白合成，缺铁性贫血。②"桃红蛋"。③"海绵蛋"	①添加铁、钙、碱、芳香胺、尿素等化学药剂法。②加碱水溶液、石灰水，加热蒸炒
菜籽饼中毒	急性胃肠炎、肺气肿、肺水肿、肾炎和甲状腺肿大	坑埋法、水浸法、热处理法、化学处理法、微生物降解法和溶剂提取法

（续）

病名	典型症状	治疗
氢氰酸中毒	呼吸困难、黏膜鲜红、肌肉震颤、全身惊厥	用5%的亚硝酸钠溶液；随后注射5%～10%硫代硫酸钠溶液
巧克力中毒	呕吐、腹泻、频尿和神经兴奋；毒性成分：甲基黄嘌呤	早期，肌内注射阿扑吗啡；中后期，使用盐类泻药，对症治疗

▶▶ **第十二单元　有毒植物与霉菌毒素中毒★**

病名	特征性症状
栎树叶中毒	前胃弛缓、便秘或下痢、胃肠炎、皮下水肿、体腔积水，以及血尿、蛋白尿、管型尿等肾病综合征
蕨中毒	马：以明显的共济失调为特征，又称为"蕨蹒跚"

（续）

病名	特征性症状
黄曲霉毒素中毒	黄疸、出血、水肿和神经症状；肝细胞变性、坏死、出血，胆管和肝细胞增生
杂色曲霉毒素中毒	以渐进性消瘦和全身性黄疸为特征，马属动物称"黄肝病"，羊称"黄染病"
单端孢霉毒素中毒	呕吐、腹泻等消化机能障碍
玉米赤霉烯酮中毒	阴户肿胀、乳房隆起和慕雄狂等雌激素综合征
青霉毒素类中毒	肝、肾损害，中枢性麻痹，全身出血
黑斑病甘薯毒素中毒	急性肺水肿、间质性肺气肿、严重呼吸困难及皮下气肿

▶▶ 第十三单元 矿物类及微量元素中毒★★★★

病名	特征性症状
无机氟化物中毒	损害骨骼和牙齿，呈现低血钙、氟斑牙和氟骨症
食盐中毒	消化紊乱和神经症状，嗜酸性粒细胞性脑膜炎
铅中毒	神经机能紊乱和胃肠炎症状
砷中毒	消化功能紊乱、实质性脏器和神经系统损害
汞中毒	慢性最常见，以神经症状为主。持续腹泻，呈渐进性消瘦，肌肉震颤
钼中毒	持续性腹泻和被毛褪色（眼睛周围）
铜中毒	腹痛、腹泻、肝功能异常和贫血
镉中毒	肝脏和肾脏损害，贫血以及骨骼变化

▶ 第十四单元　其他中毒 ★★

病名	特征性症状
有机磷农药中毒	毒蕈碱样症状、烟碱样症状及中枢神经系统症状
有机氟化物中毒	中枢神经系统机能障碍（神经型）和心血管系统机能障碍（心脏型）
尿素中毒	肌肉强直，呼吸困难，循环障碍，新鲜胃内容物有氨气味
灭鼠药中毒	尿血，粪便带血，血液凝固不良
犬猫洋葱及大葱中毒	排红色或红棕色尿液（尿液中含有血红蛋白）、贫血
瘤胃酸中毒	前胃迟缓，进行性脱水，有神经症状（盲目运动、失明、角弓反张）
磺胺类药物中毒	中枢神经兴奋，泌尿系统损害可出现结晶尿、血尿、蛋白尿

▶▶ **第十五单元　其他内科疾病**★★★☆

病名	特征性症状
肉鸡腹水综合征	腹腔积液，右心室肥大扩张，肺淤血水肿，心脏功能衰竭，肝脏肿大
应激综合征	猪应激性肌变，禽猝死综合征
过敏性休克	肌肉震颤，流涎，牛羊肺充血和水肿，犬排血样粪便
甲状旁腺机能亢进	高钙血症
肾上腺皮质机能亢进（库兴氏综合征）	多尿，烦渴，对称性脱毛，血浆皮质醇浓度升高
肾上腺皮质机能减退（阿狄森氏病）	恶心，呕吐，腹胀，体重减轻，色素沉着

部分疾病及考点如下。

（一）**巧克力中毒**

巧克力中可可碱的嘌呤含量非常高，会损害犬的肾脏，而犬对嘌呤的降解能力比人弱很多。

1. 病因　巧克力内含有大量黄嘌呤的衍生物，幼犬因过量食用巧克力而呈现中毒反应。

2. 症状　幼犬高度兴奋，烦躁不安，呕吐腹泻，肌肉震颤、萎缩，多尿，重者引起死亡。

3. 诊断　详细分析病史，结合接触史，根据神经症状、肌肉萎缩和多尿可做出诊断。

4. 治疗　5%葡萄糖氯化钠溶液静脉滴注，缓解中毒，加快毒物排出。口服或静脉滴注时加入维生素 B_1、B_6、C。

①调节电解质平衡　静脉滴注林格氏液。

②调节呼吸功能　小剂量的安钠咖注射液 0.05～0.1g/次。

③镇静　出现神经症状时可用安定、盐酸氯丙嗪等注射液，皮下或肌内注射。减缓毒物吸收可口服氢氧化铝胶，5～10mL/次。

（二）腹腔积液综合征

指体液在腹膜腔聚集。腹部对称性膨大，触诊有波动感，穿刺有淡黄色透明的液体。

1. 病因　①低蛋白血症；②肝门静脉压升高；③心功能障碍；④肾功能障碍。

2. 症状　精神委顿，食欲减退，被毛粗乱，进行性消瘦，背部和肋骨明显突出，饮欲较强，几乎无尿。腹围增大下垂，两侧对称性胀大，腹部叩诊呈水平浊音。腹部触诊有波动感并有水响声。

3. 治疗　治疗原发病，促进腹腔积液重吸收。

（1）加强护理，给以高蛋白质食物，限制饮水。

（2）治疗原发病，消除腹腔积液。

（3）穿刺放液。

（4）强心利尿。

（5）对症治疗。

（6）合理利用激素和维生素。

（三）食管炎

食管炎是食管黏膜及其深层组织的炎性疾病。发生于各种动物。

1. 病因

（1）原发性食管炎　多因机械性刺激，如粗硬的饲草、尖锐的异物、粗暴的胃管探诊；温热性刺激，如过热的饲料或饮水；化学性刺激，如氨水、盐酸、酒石酸锑钾等腐蚀性物质等，直接损伤食管黏膜引起。

（2）继发性食管炎　常见于食管狭窄和阻塞、咽炎和胃炎、马胃蝇幼虫和鸽毛滴虫重度侵袭，以及口蹄疫、坏死杆菌病、牛黏膜病、牛恶性卡他热等疾病。另外，胃内容物长期返流入食管也可并发食管炎（返流性食管炎）。某些药物（特别是多西环素）在食管内存留而无法被清除也可导致食管炎，这在猫中很常见。裂孔疝的动物也可发生反流性食管炎。

2. 临床症状

（1）**轻度**　流涎，咽下困难并伴有头颈不断伸曲，神情紧张，马常有前肢刨地等疼痛反应；

（2）**病情重剧**　患病动物不能吞咽，在试图吞咽时随之发生回流和咳嗽，并伴有痛性的嗳气运动和颈部与腹部肌肉的用力收缩。外部**触诊**或必要时**探诊食管**，可发现食管某一段或全段敏感，并诱发呕吐动作，从口鼻逆出混有黏液、血块及假膜的唾液和食糜；**颈段食管穿孔**，常**继发蜂窝织炎**，颈沟部局部疼痛、肿胀，触诊有捻发音，最终形成**食管瘘**，或**筋膜面浸润**而引发压迫性食管狭窄和毒血症；**胸段食管穿孔**，多**继发坏死性纵隔炎、胸膜炎甚至脓毒败血症**；在牛病毒性腹泻、恶性卡他热等疾病经过中，食管主要出现糜烂、溃疡等病理损害，无明显的食管炎症状。

3. 防治

（1）**预防**　主要是减少上述病因的刺激。

（2）**治疗**

①禁食 2～3d，并静脉注射葡萄糖和复方氯化钠液，以**补充营养和电解质**。

②病初冷敷后热敷，促进**消炎**。

③内服少量**消毒和收敛剂**，如 0.1%高锰酸钾液或 0.5%～1%鞣酸液。

④疼痛不安时，可皮下注射**安乃近**等；全身用**抗菌**

药，控制感染。

⑤颈部食管穿孔可手术修补，胸部食管坏死穿孔无有效疗法。

犬返流性食管炎，使用抗酸药和 H_2 受体拮抗剂 [西咪替丁（5mg/kg）或雷尼替丁（2mg/kg），每天 2 次]，降低胃内酸度，促进食管黏膜的愈合。严重病例可使用奥美拉唑（0.75mg/kg，每天 1 次）。硫糖铝溶液也非常有益。严重病例可进行胃造口插管饲喂，以使食管保持安静，加快痊愈。

兽医外科与外科手术学考点总结

▶▶ 第一单元　外科感染★

（一）概述

1. 外科感染的特点　①由外伤引起；②有明显局部症状；③多为混合感染；④常发生化脓和坏死；⑤治疗后常形成瘢痕。

2. 常见的化脓性致病菌　葡萄球菌、链球菌、大肠杆菌、铜绿假单胞菌、肺炎链球菌。

3. 外科感染的三种结局　①局限化、吸收或形成脓肿；②转为慢性感染；③感染扩散。

4. 化脓性感染的 5 个经典症状　红、肿、热、痛、机能障碍。

5. 外科感染时细胞表现　一般有白细胞数目增加、核左移。

6. 外科感染的治疗

（1）早期物理疗法　冷敷，普鲁卡因局部封闭。

（2）中后期的物理疗法　热敷，电疗，光疗。

7. 绿脓杆菌感染　首选药物为哌拉西林。

(二) 局部外科感染

1. 鉴别

种类	形成速度	热痛	波动感	界限	穿刺
脓肿	较慢	√	√		脓汁
血肿	很快	×	√	清晰	血液
淋巴外渗	较慢	×	√		淋巴液
挫伤	较快	√	×	不清	无
疝	较快	×	×	清晰	粪尿

2. 脓肿摘除 注意勿切破脓肿膜而使新鲜手术创被脓汁污染。

3. 蜂窝织炎特征 形成浆液性、化脓性、腐败性渗出液,有明显全身症状,为急性弥漫性化脓性炎。

4. 厌气性和腐败性感染

(1) 特征 局部组织坏死溃烂呈黏泥样,褐绿色。

(2) 治疗 彻底切除坏死组织,创口进行开放疗法,忌包扎和缝合。

（三）全身化脓性感染

类型	特点
败血症	一般呈稽留热，恶寒战栗，脉搏细数
脓血症	弛张热/间歇热，粟粒大转移性脓肿

1. 败血症 致病菌侵入血液循环，迅速繁殖，产生大量毒素及组织分解产物而引起的全身性感染。厌气性败血症 是一种最严重的全身性外科感染。

2. 脓血症 指局部化脓灶的细菌栓子或脱落的感染性血栓，间歇性进入血液循环，并在机体其他组织器官形成转移性脓肿。

3. 脓毒血症 指脓血症与败血症同时存在者。

▶▶ 第二单元　损伤★★

（一）软组织的非开放性损伤
1. 血肿/血清肿、淋巴外渗

	症状与诊断	治疗
血肿/血清肿	肿胀迅速增大，肿胀呈明显的波动感或饱	制止溢血，防治感染和排出积血。初期可

（续）

	症状与诊断	治疗
血肿/血清肿	满有弹性。肿胀周围坚实，并有捻发音，中央部有波动，局部增温。穿刺，排出血液	冷敷，包扎压迫绷带。经4～5d后可穿刺或切开血肿，排出积血、血凝块及破碎的组织
淋巴外渗	发生缓慢，并逐渐增大，有明显的界线，呈明显的波动感，皮肤不紧张，炎症反应轻微。穿刺可见橙黄色、稍透明的液体	较小的穿刺后可注入95%的酒精或酒精福尔马林液，停留片刻后抽出。较大的可切开治疗。切忌温热、按摩或刺激剂疗法

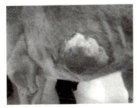

血肿

淋巴外渗

2. 血肿和血清肿的概念   血肿是由于各种外力作用，导致血管破裂，溢出的血液分离周围组织，形成充满血液的腔洞。

血清肿是由于外力作用引起局部血管破裂出血，或不正确的手术操作继发炎性或血清样液体渗出，聚集在组织之间，形成充满液体的腔洞。

（二）损伤的并发症

1. 外科休克的特点

类型	特点
失血失液性休克	脱水后血容量降低，引起低血容量休克
损伤性休克	创伤性休克和烧伤性休克
感染性休克	感染性休克或中毒性休克，或脓毒性休克包括败血症休克和内毒素性休克

2. 溃疡分类、治疗

分类	治疗
水肿性溃疡	局部可涂鱼肝油、植物油等。禁止使用刺激性较强的防腐剂
蕈状溃疡	用硝酸银棒、KOH、NaOH、20%硝酸银溶液烧灼腐蚀

3. 窦道和瘘管

(1) 形态　窦道呈盲管状，只有一个开口；瘘管是两头开口。

窦道和瘘管的区分

(2) 窦道病因　异物、化脓坏死性炎症。

(3) 诊断　必要时可进行 X 线诊断。

4. 坏死与坏疽

(1) 坏死　指生物体局部组织或细胞失去活性。

(2) 坏疽　组织坏死后受到外界环境影响和不同程度的腐败菌感染而产生的形态学变化。

类型	特点
凝固性坏死	坏死部组织发生凝固、硬化，表面覆盖一层灰白至黄色的蛋白凝固物。见于肌肉的蜡样变性、肾梗死等

（续）

类型	特点
液化性坏死	坏死部肿胀、软化，随后发生溶解。多见于热伤、化脓灶等
干性坏疽	多见于机械性局部压迫、药品腐蚀等。坏死组织初期表现苍白，水分渐渐失去后，颜色变成褐色至暗黑色，表面干裂，呈皮革样外观
湿性坏疽	多见于坏死部腐败菌的感染。初期局部组织脱毛、浮肿，呈暗紫色或暗黑色，表面湿润，覆盖有恶臭的分泌物

▶▶ 第三单元　肿瘤★

恶性肿瘤治疗要点如下。

1. 手术治疗

①切忌挤压和不必要地翻动癌肿。

②手术应在健康组织范围内进行，不要进入癌组织。

③尽可能阻断癌细胞扩散的通路。

④尽可能将癌肿连同原发器官和周围组织一次整块切除。

⑤术中用纱布保护好癌肿和各层组织切口，避免种植性转移。

⑥使用高频电刀、激光刀切割，止血良好可减少扩散。

2. 放射疗法

分化程度越低，新陈代谢越旺盛的细胞越适用于放射疗法。临床上最敏感的是造血淋巴系统和某些胚胎组织的肿瘤，如恶性淋巴瘤、骨髓瘤、淋巴上皮癌等。

3. 化学疗法 白消安（1，4-J＝醇＝甲烷磺酸盐）、甘露醇氮芥类、环磷酰胺（癌得星）；植物类抗癌药物如长春新碱和长春碱等；抗代谢药物如氨甲蝶呤（MTX）、6-硫基嘌呤。

犬恶性淋巴瘤

▶▶ **第四单元　风湿病**☆

1. 病理特点 胶原结缔组织发生纤维蛋白变性及

骨骼肌、心肌、关节囊中的结缔组织出现非化脓性局限性炎症。

2. 病理过程

（1）**变性渗出期**

（2）**增殖期**　出现风湿性肉芽肿，即风湿小体。

（3）**硬化期**

3. 临诊特征　突发性、疼痛性、游走性、对称性、复发性和活动后疼痛减轻。

4. 治疗

（1）**要点**　除病因，加强护理，祛风湿，解热镇痛，消除炎症。

（2）抗风湿作用最强的药物为水杨酸类药物（水杨酸，阿司匹林）。

（3）急性发作期首选青霉素。

▶▶ 第五单元　眼病★★★

1. 上眼睑凹陷　是眼压低的表现。

2. 用检眼镜时，向眼内滴入1％硫酸阿托品，用以散瞳。

3. 眼病的治疗技术：洗眼、点眼、结膜下注射、球后麻醉、眼睑下灌流法。

（1）**洗眼**　用2％硼酸溶液或生理盐水。

（2）**球后麻醉（如眼球摘除术）**　用2％～3％盐

酸普鲁卡因。

4. 角膜炎

（1）**共同症状**　羞明、流泪、疼痛、眼睑闭合、角膜浑浊、角膜缺损或溃疡；角膜周围形成新生血管或睫状体充血（浅层血管网）。

（2）外伤性角膜炎常可找到伤痕，透明的表面变为淡蓝色或蓝褐色。

（3）化学物质引起的角膜炎，轻的仅见角膜上皮被破坏，形成银灰色浑浊。

（4）角膜面上形成不透明的白色瘢痕时称为角膜浑浊或角膜翳。

（5）表层角膜炎血管来自结膜，呈树枝状分布于结膜表面，深层结膜血管来自角膜缘毛细血管网，呈刷状。

（6）犬传染性肝炎恢复期，常见单侧性间质性角膜炎和水肿，呈蓝白色角膜翳。

（7）细菌感染，角膜呈暗灰色或灰黄色浸润，形成脓肿，形成溃疡。

（8）荧光素点眼可确定溃疡的存在及其范围。

5. 牛传染性角膜结膜炎

（1）**病因**　由牛莫拉菌所引起；秋家蝇是传播媒介；阳光中紫外线为诱因。

（2）**症状**　圆锥形角膜为本病的特征性病变；可引起角膜溃疡和穿孔。

（3）诊断　微生物学检验或荧光抗体技术予以确诊。

（4）对症治疗　硝酸银溶液、蛋白银溶液，应用抗生素及抗生素软膏，糖皮质激素不适合治疗该病（角膜溃疡穿孔病例不适合用糖皮质激素）。

6. 青光眼

（1）病因　眼房角阻塞，眼房液排出受阻。

（2）症状　无炎症，眼内压增高，眼球增大，视力大为减弱。

（3）治疗

①高渗疗法（降眼内压）　用β受体阻断剂点眼。

②用缩瞳药（毛果芸香碱）　内服碳酸酐酶抑制剂。

③手术法　巩膜周边冷冻术。

7. 白内障

（1）特征　晶状体及其囊浑浊，瞳孔变色，视力消失或减退；眼呈白色。

（2）治疗　晶状体摘除术，晶状体乳化白内障摘除术，人工晶体植入术。

▶▶ 第六单元　头、颈部疾病★

（一）耳病

1. 外耳炎

（1）症状　外耳道排出不同颜色、带臭味、数量不等的分泌物，指压耳根部动物疼痛、敏感。

（2）治疗　耳部疼痛时，可向外耳道内注入可卡因甘油；0.1％苯扎溴铵或 3％过氧化氢洗耳。

2. 中耳炎　指鼓室及耳咽管的炎症。

（1）病因　多继发于上呼吸道感染；常见病原菌为链球菌和葡萄球菌。

（2）症状　头倾向患侧，以鼻触地。

（3）诊断

①耳镜检查　鼓膜穿孔。

②X线检查　可见急性中耳炎，鼓室积液。

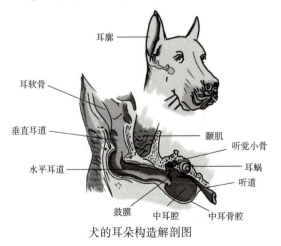

犬的耳朵构造解剖图

（4）治疗　中耳腔冲洗，中耳腔刮除，鼓泡骨切除术。

3. 内耳炎症状　耳聋、平衡失调、转圈、头颈倾斜而倒地

（二）颌面部疾病

马、牛鼻旁窦炎：常见额窦、上颌窦蓄脓。

①病因　牙齿疾病，去角不良。

②症状　额骨发生隆起，头部顶墙等。

③治疗　施行圆锯术。

（三）齿病

类型	症状及治疗
犬牙周炎	（1）症状　形成牙周袋，牙齿松动，不同程度化脓，最突出的是口腔恶臭；X线检查可见牙齿间隙增宽，齿槽骨吸收。 （2）治疗　刮除齿石，除去菌斑，充填龋齿
犬、猫牙结石	（1）症状　口臭，进食困难，消化障碍。 （2）治疗　刮治法
齿槽骨膜炎	（1）非化脓性　齿根部形成骨赘，与齿槽完全粘连。 （2）弥散性　口腔奇臭，病齿松动。 （3）化脓性　X线检查，可见齿根部与齿槽间透光区增大呈椭圆形或梨形

（续）

类型	症状及治疗
龋齿	（1）病因　口腔内发酵碳水化合物的细菌产生酸性物质侵蚀牙齿的表面、齿冠、釉质表面，使其脱钙、分离及破坏。 （2）治疗　一度龋齿：用硝酸银饱和溶液涂擦；二度龋齿：应除去病变组织，填充齿粉；三度龋齿：实行拔牙术

（四）犬舌下腺囊肿

1. 病因　其腺体及导管被刺破。

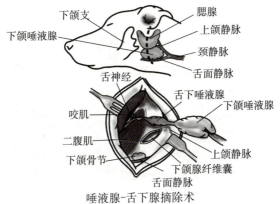

唾液腺-舌下腺摘除术

2. 症状 舌下无炎症，逐渐增大，有波动的肿块，大量流涎；囊肿的穿刺液黏稠，呈淡黄色，呈线状以针孔流出。

3. 治疗 可采用腺体摘除术，临床上较常用颌下腺-舌下腺摘除术。

▶ 第七单元 胸、腹壁创伤☆

胸壁透创：胸壁透创可继发气胸、血胸、脓胸、胸膜炎、肺炎及心脏损伤等。

常见并发症如下。

1. 气胸

（1）闭合性气胸 伤侧胸部叩诊呈鼓音，听诊可闻呼吸音减弱。

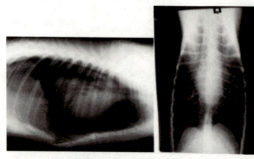

气胸（肺野透明度增加）

（2）**开放性气胸**　出现纵隔摆动。

（3）**张力性气胸（活瓣性气胸）**　胸壁创口呈活瓣状。

2. 血胸　胸壁下部叩诊出现水平浊音；X线检查在胸膈三角区呈现水平的浓密阴影；胸腔穿刺获得带血的胸腔积液以及在胸下部可听到拍水音。

▶▶ 第八单元　疝 ★★☆

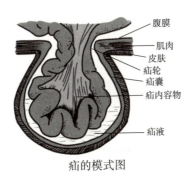

疝的模式图

1. 疝的分类（嵌闭性疝）

类型	特点
粪性嵌闭疝	脱出的肠管内充满大量粪块而引起，使增大的肠管不能回入腹腔

（续）

类型	特点
弹力性嵌闭疝	腹内压增高而发生，腹膜与肠系膜被高度牵张，引起疝孔周围肌肉反射性痉挛，孔口显著缩小
逆行性嵌闭疝	游离于疝囊内的肠管，其中一部分又通过疝孔钻回腹腔中

2. 常见的疝

类型	内容
脐疝	（1）病因　脐孔发育不全，断脐不正确，脐部化脓等。 （2）症状　脐部局限性球形肿胀，质地柔软，缺乏红、痛等炎性反应。 （3）治疗 ①保守疗法　适用于疝轮小、年龄小的动物，95％酒精分点注射。 ②手术疗法　禁食，全身麻醉或局部浸润麻醉，切口在疝囊底部，呈梭形。疝轮较小时做荷包缝合；皮肤做结节缝合

（续）

类型	内容
犬会阴疝	疝内容物常为膀胱、肠管或子宫等，公犬多见。 （1）病因　包括先天性、各种原因引起的盆腔肌无力和激素失调等。公犬前列腺肿大与会阴疝的发生有一定关系。 （2）症状　在肛门，阴门近旁出现无热无痛、柔软、可复性、无炎性反应的肿胀；常为一侧性，肿胀对侧肌肉松弛，排粪困难。 （3）治疗　手术法：在疝囊一侧自尾根外侧至骨结节做弧形切口
腹壁疝	（1）症状　受钝性暴力后突然出现柔软可缩性肿胀，触诊能摸到疝轮，可听到肠蠕动音。 （2）治疗 ①保守疗法　适用于初发可复性疝。 ②手术疗法　最好在发病后立即手术

(续)

类型	内容
腹股沟阴囊疝	(1) 症状　多见于公马和公猪，腹股沟疝时，触之柔软、无痛、可还纳；一侧性阴囊增大，皮肤紧绷发亮，触诊时柔软有弹性，多半不痛。 (2) 治疗　当为嵌闭性疝时，应立即手术。 ①马的切口选在靠近腹股沟外环处。 ②公牛的切口选在睾丸上方的阴囊颈部皮肤处
膈疝	(1) 症状　钡餐造影后X线摄影，胸腔内显示胃肠影像；胸部听诊有网胃拍水音，血检时白细胞增多。 (2) 诊断　X线检查是犬膈疝的重要诊断方法。 (3) 治疗　应用连续锁边缝合法闭合膈的疝孔；纠正呼吸性酸中毒

仔猪脐疝

会阴疝

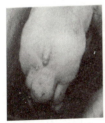

猪腹股沟阴囊疝

犬膈疝钡餐造影

▶▶ **第九单元　直肠与肛门疾病**☆

1. 锁肛

（1）仔猪最常见。

（2）**症状**　肛门处的皮肤向外突出，触诊可摸到胎粪。

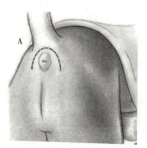

锁肛

（3）**治疗** 施行人造肛门术（将直肠断端黏膜结节缝合于皮肤切口边缘上）。

2. 巨结肠

（1）**症状** 腹部触诊摸到集结粪便的粗大结肠；直肠探诊触到硬的粪块或扩张的结肠；X线检查可确定结肠扩张的程度和范围。

（2）**治疗** 输液，软化粪便，必要时切除结肠。

猫巨结肠 X 片

猫手术切除的巨结肠

3. 直肠脱治疗

（1）整复适用于发病初期。

（2）黏膜剪除法。

（3）固定法：用荷包缝合。

（4）直肠周围注射酒精。

（5）直肠部分切除术　肠管两层断端的浆膜和肌肉层分别做结节缝合，黏膜层用单纯的连续缝合法。

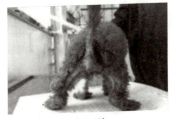

直肠脱

4. 犬肛门囊炎

（1）症状　在肛门的两侧，"4 时到 8 时的位置上"，挤压可排出黏液状、黑灰色、有难闻气味、带小颗粒的皮脂样物。

（2）治疗　轻症时挤压排出囊内容物；囊管闭合时宜进行套管插入术；严重时宜手术切除肛门囊。

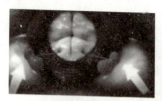

犬肛门囊位置

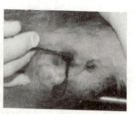

排泄瘘

犬肛门囊炎

5. 直肠破裂

（1）**症状** 直肠检查时，手指染血。

（2）**一般治疗** 静脉注射水合氯醛；凝血药；直肠内注入收敛剂。

（3）**保守治疗** 适用于无浆膜区的损伤，即填塞浸有抗生素的脱脂棉。

（4）**直肠内单手缝合法** 2%盐酸普鲁卡因进行荐尾硬膜外腔麻醉，对破裂口进行全层单纯连续缝合。

第十单元　泌尿与生殖系统疾病★

(一) 膀胱破裂

1. 特征　主要出现排尿障碍、腹膜炎、尿毒症和休克的综合征，以及精神沉郁，腹部膨大。B超可见腹腔脏器间呈低回声暗区。腹腔穿刺：棕黄色、透明，有尿味。

2. 治疗

①对膀胱的破裂口及早修补。

②控制感染和治疗腹膜炎、尿毒症。

③积极治疗导致膀胱破裂的原发病。

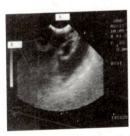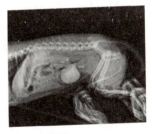

前列腺增生中高密度阴影

(二) 犬前列腺增生（前列腺结节性增生）

1. 病因　性激素失调（雄激素过剩）引起的老龄犬前列腺功能障碍的常见病。

2. 症状　排便困难；频频努责，仅排出少量黏液，呈顽固性便秘。会阴疝。

3. 治疗　去势最有效，也可将前列腺全摘除或部分摘除。

▶▶ 第十一单元　跛行诊断 ★☆

1. 悬跛

（1）特征　"抬不高、迈不远"。

（2）诊断依据　前方短步、运步缓慢、抬腿困难。

（3）发病部位　腕、跗关节以上肌肉、神经及关节囊。

2. 支跛

（1）特征　患肢负重时间缩短和避免负重。

（2）诊断依据　后方短步、体重减轻、系部直立、蹄音较低。

（3）发病部位　腕、跗关节以下的关节韧带、腱、蹄和骨。

3. 间歇性跛行　见于动脉栓塞、习惯性脱位、关节结石。

4. 黏着步样　见于肌肉风湿、破伤风。

5. 紧张步样　见于蹄叶炎。

6. 鸡跛　患肢运步时高度张扬，膝关节和跗关节高度屈曲。

7. 患肢局部被毛逆立 可能有肿胀存在。

8. 运步视诊的目的 确定患肢、确定跛行种类和程度、初步发现可疑患部。

9. 促使跛行明显化的特殊方法 圆周、回旋、硬地、不平石子路、软地、上坡和下坡运动。

10. 直肠内检查 可确诊髋骨骨折、腰椎骨折、髂荐联合脱位。

11. 热浴检查 若为腱和韧带的炎症,热浴后跛行可暂时消失;若为骨折和关节疾病,热浴后跛行增重。

12. 斜板试验 主要用于确诊蹄骨、屈腱、滑膜囊炎及蹄关节的疾病。

13. 牛的跛行 发病部位最多的是蹄,以支跛为主。

▶▶ 第十二单元　四肢疾病 ★★★★★

(一) 骨折

1. 四肢骨骨折的临床特点 ①肢体变形;②异常活动;③骨摩擦音;④出血与肿胀;⑤疼痛;⑥功能障碍;⑦全身症状。

2. 骨折的愈合

(1) 血肿机化演进期　局部充血、肿胀、疼痛和增温,骨折端不稳定。损伤的软组织需修复。

（2）原始骨痂形成期　炎症消散，不肿不痛，骨折端基本稳定，但尚不够坚固，病肢可稍微负重。X线可见骨干骨折四周包围有梭形骨痂阴影，骨折线仍隐约可见。

（3）骨痂改造塑型期　新骨形成后，骨折的痕迹在组织学或X线影像上可以完全或接近完全消失，骨结构的外形和功能也得到恢复。

3. 四肢长骨骨折外固定技术

（1）夹板绷带固定法。

（2）石膏绷带固定法。

（3）改良的 Thomas 支架绷带适用于不能做石膏绷带的外固定的桡骨及胫骨的高位骨折。

（二）关节透创与关节炎

1. 关节透创

（1）诊断　伤口流出黏稠透明、淡黄色的关节滑液。关节腔内注射 0.25% 普鲁卡因青霉素溶液，能从创口流出。不得进行关节腔内探诊，以减少感染机会。

（2）治疗原则　防止感染，增强抗病力，及时合理地处理伤口，力争在关节腔未出现感染之前闭合关节囊伤口。

由伤口的对侧向关节腔穿刺注入防腐剂、禁止由伤口向关节腔冲洗。

可用肠线或丝线缝合关节囊，其他软组织可不缝合，然后包扎绷带。

发生感染化脓时，清除异物，用碘酊凡士林敷盖伤口，包扎绷带，此时不缝合伤口。

2. 关节挫伤　马最常发生于系关节和冠关节。牛常发生于系关节和髋关节，其次是肩关节。

3. 关节炎　又称滑膜炎，是以关节囊滑膜层的病理变化为主的渗出性炎症。

（1）症状

①急性浆液性滑膜炎　关节腔积聚大量浆液性炎性渗出物，有捻发音。运动时，表现以支跛为主的混合跛行。

②慢性浆液性滑膜炎　关节囊高度膨大。触诊只有波动，无热痛。跛行不明显。

③化脓性滑膜炎　全身反应，体温升高（39℃以上）。患关节热痛、肿胀，关节囊高度紧张、有波动。

（2）治疗　初期，应用冷疗，装压迫绷带，之后改用温热疗法或装关节加压绷带，如布绷带或石膏绷带。全身应用磺胺制剂，每日1次，有良好的效果。关节也可装湿绷带（饱和盐水、10%硫酸铜溶液、樟脑酒精等）。用10%氯化钙溶液、10%水杨酸钠溶液静脉注射。

（三）牛、犬髌骨脱位

分类	症状	治疗
上方脱位	大、小腿强直，触诊膝盖骨上方移位，被异常固定于股骨内侧滑车嵴的顶端，内直韧带高度紧张	内直韧带切断术
外方脱位	站立时膝、跗关节屈曲，触诊膝盖骨外方变位，患肢膝外翻，膝关节屈曲，趾尖向外，小腿向外旋转。X线检查，可发现股骨或胫骨呈现不同程度的扭转样畸形	加强内侧支持带；松弛外侧支持带（内侧支持带加强术）
内方脱位	小型犬多发。膝关节屈曲，趾尖向内，后肢呈不同程度扭曲性畸形，小腿向内旋转，股四头肌群向内移位	外侧关节囊缝合术、滑车成形术（足以容纳50%的髌骨）

（四）髋关节脱位

分类	症状
前方脱位	牛，股骨头转位固定于关节前方，大转子向前方突出，髋关节变形隆起，他动运动时可听到捻发音；站立时肢外旋，肢抬举困难
上外方脱位	股骨头被异常地固定在髋关节的上方。站立时患肢明显缩短，呈内收姿势或伸展状态，同时患肢外旋，蹄尖向前外方，患肢飞节比对侧高数厘米。他动患肢外展受限，内收容易。大转子明显向上方突出。运动时，患肢拖拉前进，并向外划大的弧形
后方脱位	股骨头被异常固定于坐骨外支下方。站立时，患肢外展叉开，比健肢长，患侧臀部皮肤紧张，股二头肌前方出现凹陷沟，大转子原来位置凹陷，如突然向后牵引患肢时，可听到骨的摩擦音
内方脱位	股骨头进入闭孔内时，站立时患肢明显短缩。他动运动内收外展均容易。运动时患肢不能负重，以蹄尖着地拖行。直肠检查时，可在闭孔内摸到股骨头

（五）脊髓损伤

1. 症状

（1）颈部脊髓节段　受损头、颈不能抬举而卧地，四肢麻痹而呈瘫痪，膈神经与呼吸中枢联系中断而致呼吸停止，可立即死亡。

（2）胸部脊髓受损　损伤部位后方麻痹或感觉消失，腱反射亢进，有时后肢发生痉挛性收缩。

（3）腰部脊髓受损

①前部　臀部、后肢、尾的感觉和运动麻痹。

②中部　膝与腱反射消失，后肢麻痹不能站立。

③后部　肛门哆开，刺激其括约肌时不见收缩，粪尿失禁。

2. 诊断　X线检查。

（六）椎间盘突出

1. 症状

（1）颈部椎间盘疾病　主要表现颈部敏感、疼痛。站立时，颈部肌肉呈现疼痛性痉挛，鼻尖抵地，腰背弓起；运步小心，头颈僵直，耳竖起；触诊颈部肌肉极度紧张或痛叫。重者颈部、前肢麻木，共济失调或四肢截瘫。第2～3和第3～4椎间盘发病率最高。

（2）胸腰部椎间盘脱出　病初动物严重疼痛、呻吟，不愿挪步或行动困难；犬胸腰椎间盘突出常发部位为胸第11～12椎间盘至腰第2～3椎间盘。

2. 诊断

（1）**颈、胸腰段椎间盘突出 X 线影像** 椎间盘间隙狭窄，并有矿物质沉积团块，椎间孔狭小或灰暗，关节突有异常间隙形成。

（2）**脊髓造影术** 脊索明显变细（被突出物挤压），椎管内有大块矿物阴影。

（七）黏液囊疾病

1. 特点 经常出现的症状是在肘头部有界限明显的肿胀。初期可感温热、似生面团样、微有痛感，黏液囊膨大，并有波动。发炎的黏液囊内积聚含有纤维素凝块的液体，大如人拳。本病一般没有跛行。

2. 诊断 无菌穿刺。

3. 治疗 手术摘除。

▶▶ **第十三单元　皮肤病★★**

类型	主要内容
脓皮症	（1）**病因** 中间型葡萄球菌。犬多发（皮肤角质层薄）。 （2）**症状** 圆形脱毛/红斑、黄色结痂、丘疹、脓疱、斑丘疹或结痂斑；幼犬主要在前后肢内侧的无毛处；可见皮肤上出现脓疱疹、小脓疱和脓性分泌物

（续）

分类	主要内容
真菌性皮肤病	（1）病因　癣病是由于真菌感染皮肤、毛发和爪甲后所致的疾病。犬主要是犬小孢子菌感染，其次是石膏样小孢子菌和须发癣菌感染；猫的癣病95%以上是由犬小孢子菌引起的。 （2）症状　断毛、少毛、无毛和掉毛是主要的临诊表现。患部断毛、掉毛或出现圆形脱毛区，皮屑较多。 （3）诊断　常用Wood's灯、镜检和真菌培养。 （4）治疗　口服特比萘酚；外用酮康唑乳膏、咪康唑乳膏和克霉唑软膏或特比萘酚霜；抗真菌药1～2次/周，疗程4～6周，直至复诊时真菌培养结果为阴性
马拉色菌病	（1）病因　厚皮症马拉色菌是常在酵母菌，微存于外耳道、口/肛周和潮湿褶皱处。 （2）症状　毛着色、皮潮红、瘙痒和脱毛，趾间、颈腹、腋窝、会阴及肢折处多发

（续）

类型	主要内容
犬甲状腺机能减退性皮肤病	（1）症状　犬四肢和头多不掉毛，脱毛区主在颈、背、胸腹两侧对称性脱毛或鼻梁脱毛，患部毛稀、短、细、脆而无光，脱毛由尾向前。 （2）诊断　T4 甲状腺机能检测
肾上腺皮质激素及机能亢进	对称性脱毛，食多而发胖，腹膨大（因失蛋白而皮薄松脆、肌无力），多饮多尿，四肢乏力、蹒跚（常见于垂体肿瘤，肾上腺皮质肿瘤）

▶▶ **第十四单元　蹄病★★**

类型	主要内容
白线裂	（1）病因　马前蹄蹄侧壁或蹄踵壁多发；广蹄、弱踵蹄、平蹄等蹄壁倾斜；白线角质脆弱；装蹄时过度烧烙、白线切削过多；蹄部不清洁、环境卫生不良、干湿急变、地面潮湿、钉伤、白线部的踏创。

(续)

类型	主要内容
白线裂	(2) 诊断　白线部充满粪、土、泥、沙。白线裂只涉及蹄角质层，是为浅裂，不出现跛行。深裂，往往诱发蹄真皮炎，引起疼痛而发生跛行
蹄冠蜂窝织炎	诊断：蹄冠形成圆枕形肿胀，有热、痛。蹄冠缘往往发生剥离，重度支跛。体温升高，精神沉郁
蹄叶炎	(1) 病因　蹄真皮的弥散性、无败性炎症称为蹄叶炎；属变态反应病。多因素致病：精料过多、吸收毒素、骤遇寒冷等。 (2) 症状　患急性蹄叶炎的家畜，精神沉郁、食欲减少，不愿意站立和运动。两前蹄患病时，病马的后肢伸至腹下，两前肢向前伸出，以蹄踵着地；两后蹄患病时，前肢向后屈于腹下；如果四蹄均发病，病马站立姿势与两前蹄发病类似，体重尽可能落在蹄踵上

（续）

类型	主要内容
牛指（趾）间皮炎	没有扩延到深层组织的指（趾）间皮肤的炎症。特征是皮肤呈湿疹性皮炎的症状，有腐败气味
牛指（趾）间皮肤增生	指（趾）间穹隆部皮肤进一步增殖时，形成"舌状"突起
腐蹄病	（1）病因　（因体质和营养因素）蹄角质疏松；蹄常被浸泡；在不良地面活动被刺伤；蹄冠与蹄角质层发生裂缝而继发感染坏死杆菌/化脓棒状杆菌/结节杆菌/产黑色素类杆菌等。 （2）症状　急性跛行，发热（40～41℃）。蹄局部炎症。多数见蹄底有孔洞（可以用探针测深）。指（趾）间常有溃疡面，上覆恶臭坏死物。或见全身败血症症状。经久于蹄冠缘、指（趾）间或蹄球处见窦道

▶▶ 第十五单元　术前准备★

手术动物的准备（2020 年变化）：多数大动物病例以禁食 24h 为宜，禁水不超过 12h 即可满足手术要求。小动物禁食不超过 12h。

1. 术部除毛　大动物术部剃毛的范围要超出切口 20～25cm，小动物可在 10～15cm 的范围。

2. 术部消毒　术部皮肤的消毒，常用药物是 5％碘酊、2％碘酊（用于小动物）和 70％酒精。

3. 术部隔离

非感染创消毒方向示意图

感染创消毒方向示意图

▶▶ 第十六单元　麻醉技术★★

（一）局部麻醉

类型	主要内容
表面麻醉	利用麻醉药的渗透作用，阻滞浅在的神经末梢，主要包括：角膜麻醉（0.5％

（续）

类型	主要内容
表面麻醉	丁卡因或 2%利多卡因溶液）；口、鼻、直肠、阴道黏膜麻醉（可用 1%～2%丁卡因或 2%～4%利多卡因溶液）
局部浸润麻醉	包括直线浸润、菱形浸润、分层浸润、基础浸润。常用 0.25%～1%盐酸普鲁卡因溶液，加肾上腺素（减少药物的吸收和延长麻醉时间）
神经传导（阻滞）麻醉	常用 2%～5%盐酸普鲁卡因或 2%盐酸利多卡因
脊髓麻醉	牛的硬膜外麻醉最为常用，注射部位多在第一、第二尾椎之间。适应站立手术；2%普鲁卡因溶液，剂量不超过 10～15mL，2%利多卡因溶液，剂量不超过 5～10mL

（二）全身麻醉

麻醉药物	
吸入性麻醉药物	乙醚 氟烷 氧化亚氮（笑气） 安氟醚 异氟醚（犬、猫临诊手术中常用的吸入麻醉药） 七氟醚（更接近人们所期待的理想吸入麻醉药）
非吸入性麻醉药物	水合氯醛（马首选，静脉注射时不可将药液漏出血管） 氯胺酮（分离麻醉药，猫科、灵长类效果好） 丙泊酚（短效静脉注射，可用于诱导和维持麻醉） 隆朋（赛拉嗪）（反刍动物首选） 静松灵（赛拉唑）（反刍动物首选） 硫喷妥钠（诱导麻醉、静脉注射）

▶▶ 第十七单元　手术基本操作★★

主要缝合方法如下。

1. 结节缝合　皮肤。

2. 单纯连续缝合　腹膜、肌肉。

3. 表皮下缝合　小动物表皮肤缝合，真皮内运针。

4. 压挤缝合　犬、猫肠管吻合。

5. 十字缝合　张力较大的皮肤缝合。

6. 连续锁边缝合法　皮肤直线形切口及薄而活动性较大的部位缝合。

7. 伦勃特氏缝合法　胃肠、子宫、膀胱的缝合，缝合浆膜肌层。

8. 库兴氏缝合法　水平褥式内翻缝合法，胃、子宫浆膜肌层缝合。

9. 康乃尔缝合法　水平褥式内翻缝合法缝合时缝针要贯穿全层组织。

10. 间断垂直褥式缝合　一种张力缝合。

11. 间断水平褥式缝合　一种张力缝合（纽扣/孔缝合）。

12. 近远-远近缝合　一种张力缝合。

13. 骨缝合　应用不锈钢丝或其他金属丝进行全环扎术和半环扎术。

▶▶ 第十八单元　手术技术★★★★

腹部手术通路如下。

腹部手术通路	主要内容
肷部切口	(1) 适应证　左肷部切口：马腹腔手术最常用手术通路（小肠、盲肠整复、结肠手术）；牛用于瘤胃手术、网胃内探查、瓣胃梗阻和皱胃积食冲洗。右肷部切口：牛用于小肠、结肠手术，右腹部探查。 (2) 肷部切口　切开皮肤，逐层切开腹外斜肌，钝分或锐行分离腹内斜肌、腹横肌、腹膜。 (3) 缝合　连续缝合腹膜和腹横肌，连续缝合腹内斜肌与腹外斜肌，皮肤间断缝合。
肋弓下斜切口	适应证：左侧为马左上、下大结肠手术；右侧为马胃状膨大部切开术、盲肠手术，牛皱胃切开术
中线切口	适应证：小动物腹部手术最常用的切口（胃、膀胱、卵巢子宫）
中线旁切口	适应证：公犬膀胱切开术

兽医产科学考点总结

1. 激素的生理功能与临床应用★★

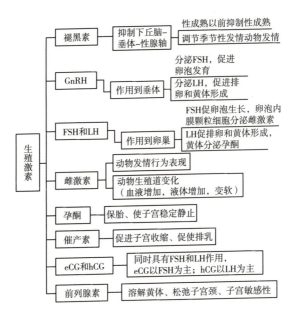

生殖激素

- 褪黑素 — 抑制下丘脑-垂体-性腺轴
  - 性成熟以前抑制性成熟
  - 调节季节性发情动物发情

- GnRH — 作用到垂体
  - 分泌FSH，促进卵泡发育
  - 分泌LH，促进排卵和黄体形成

- FSH和LH — 作用到卵巢
  - FSH促卵泡生长，卵泡内膜颗粒细胞分泌雌激素
  - LH促排卵和黄体形成，黄体分泌孕酮

- 雌激素
  - 动物发情行为表现
  - 动物生殖道变化（血液增加，液体增加，变软）

- 孕酮 — 保胎、使子宫稳定静止

- 催产素 — 促进子宫收缩、促使排乳

- eCG和hCG — 同时具有FSH和LH作用，eCG以FSH为主；hCG以LH为主

- 前列腺素 — 溶解黄体、松弛子宫颈、子宫敏感性

临床应用如下。

(1) **发情**　雌激素主导发情，但雌激素伴随卵泡的生长而分泌增加，因此 FSH 以及所有具有 FSH 功能和可以促进 FSH 合成与分泌的激素，都可诱导卵泡发育，伴随分泌雌激素。

(2) **排卵**　LH 以及所有具有 LH 功能和可以促进LH 合成与分泌的激素，都可以诱发排卵。

2. 发情周期卵巢的变化★★

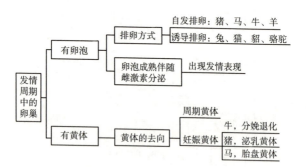

3. 发情周期中内分泌的变化 ★★

阶段	均衡期	兴奋期	抑制期		均衡期
	发情前期	发情前期-发情期	发情后期	间情期	发情前期
天数	第18、19、20天	发情前期-第21天、发情期第1天	第 2 ～ 6天	第 6 ～ 15天	第16、17天
激素	FSH和LH分泌旺盛，E2逐渐增加	E2最高，LH出现峰值	E2降低，P4逐渐增加	P4最高	FSH和LH分泌旺盛，E2逐渐增加
卵巢	卵泡期		黄体期		
	生长、成熟、分泌雌激素，排卵		无卵泡，迅速发育		
	黄体退化		黄体发育、分泌孕酮		黄体退化
子宫	内膜增生，腺体继续复旧；水肿，充血；子宫出血		内膜增生，腺肥大，间情期早期分泌旺盛		内膜腺和子宫腺复旧

4. 各种动物发情周期特点★★

项目	牛	绵羊	山羊	猪	马	犬
发情周期	21d	16～17d	20～21d	21d	21d	春、秋发情
发情持续时间	18h	24～36h	40h	40～60h	5～7d	9（4～12）d
排卵期	发情停止后4～16h	发情结束时	发情结束后	发情开始后16～48h	发情停止前24～48h	结束交配前2d至后7d
发情鉴定	直肠检查	试情	试情	静立反射	直肠检查	
最适输精时间	发情开始后9h至发情终止	发情开始后10～20h	发情开始后12～36h	发情开始后15～30h	发情第2天开始隔日一次至发情结束	接受交配后2～3d
最适输精部位	子宫和子宫颈深部	子宫颈内	子宫颈内	子宫内	子宫内	子宫颈或子宫内

5. 助产手术及适应证★

助产手术	适应证	备注
牵引术	胎儿过大，产力微弱，产道略狭窄等	采用牵引术明显比其他助产手术好时应用
矫正术	胎儿由于姿势、位置及方向异常，无法排出	
截胎术	无法矫正拉出胎儿，又不能或不宜施行剖宫产	胎儿死亡
剖宫产	其他助产方法不奏效；小动物基本都剖宫产	
外阴切开术	为了避免会阴撕裂而采用的一种简单方法	
药物助产	产力不足性难产	

6. 母畜不育疾病诊断与治疗★★★★★

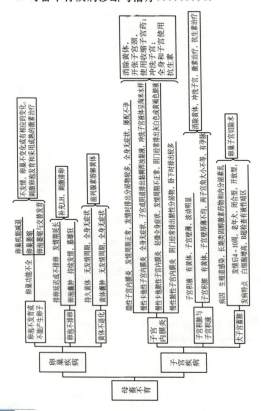

7. 母畜产后疾病诊断与治疗 ★★★★☆

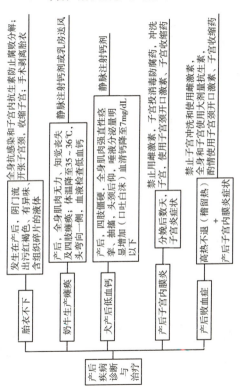

产后疾病诊断与治疗

- 胎衣不下
  - 发生在产后，阴门流出污红褐色、有异味、含组织碎片的液体
  - 全身抗感染和子宫内抗生素防止腐败分解；扩张子宫颈，收缩子宫；手术剥离胎衣

- 奶牛生产瘫痪
  - 产后，全身肌肉无力，知觉丧失及四肢瘫痪；体温降至35～36℃，头弯向一侧，血液检查低血钙
  - 静脉注射钙剂或乳房送风

- 犬产后低血钙
  - 产后，四肢僵硬、痉挛、抽搐，全身肌肉强直性痉挛，头颈后仰，睡液分泌量明显增加（口吐白沫）血清钙降至7mg/dL以下
  - 静脉注射钙剂

- 产后子宫内膜炎
  - 分娩后数天，子宫疼痛症状
  - 禁止用催产素，子宫，使用子宫消毒防腐药，冲洗子宫开口激素，子宫收缩药

- 产后败血症
  - 高热不退（稽留热）＋产后子宫内膜炎症状
  - 禁止子宫冲洗和使用催产素，全身和子宫使用大剂量抗生素，酌情使用子宫颈开口激素、子宫收缩药

8. 分娩内分泌、产力分配、胎位胎势★★★★

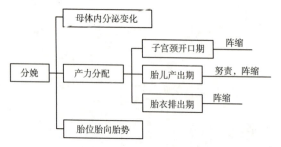

（1）**胎位** 胎儿的位置，胎儿背部和母体背部或腹部的关系：相同为上位，反方向为下位，位于两侧为侧位。

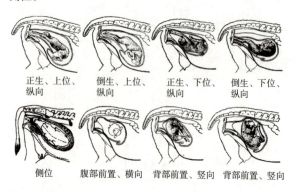

正生、上位、纵向　　倒生、上位、纵向　　正生、下位、纵向　　倒生、下位、纵向

侧位　　腹部前置、横向　　背部前置、竖向　　背部前置、竖向

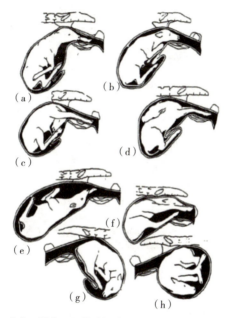

a. 上位、纵向、左前肢与胎头前置，右前肢肩关节屈曲
b. 上位、纵向、胎头前置，两前肢腕关节屈曲　c. 上位、纵向、两前肢前置，胎头向下弯折　d. 上位、纵向、两前肢前置，胎头向上弯折　e. 下位、纵向、右前肢与胎头前置，左前肢腕关节屈曲　f. 竖向、胎头与四肢前置（腹部前置）g. 臀部前置、两后肢髋关节屈曲　h. 竖向、背部前置

（2）**胎向**　胎儿的朝向，胎儿纵轴与母体纵轴的关系：平行为纵向，水平平面垂直为横向，上下平面垂直为竖向。

（3）**胎势**　胎儿姿势状态（305 页图为异常胎势）。

（4）**前置**　指胎儿某一部分位于子宫下段，又称胎先露。

9. 流产的症状与治疗☆

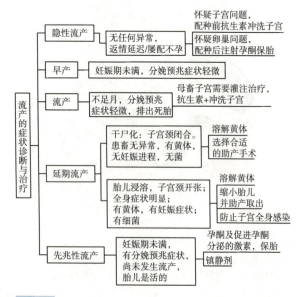

10. 乳房疾病诊断与治疗★☆

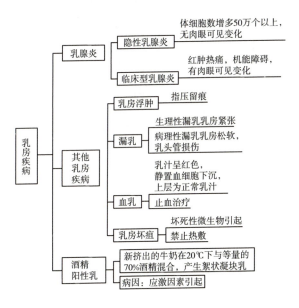

乳房疾病
- 乳腺炎
  - 隐性乳腺炎 —— 体细胞数增多50万个以上，无肉眼可见变化
  - 临床型乳腺炎 —— 红肿热痛，机能障碍，有肉眼可见变化
- 其他乳房疾病
  - 乳房浮肿 —— 指压留痕
  - 漏乳
    - 生理性漏乳乳房紧张
    - 病理性漏乳乳房松软，乳头管损伤
  - 血乳
    - 乳汁呈红色，静置血细胞下沉，上层为正常乳汁
    - 止血治疗
  - 乳房坏疽
    - 坏死性微生物引起
    - 禁止热敷
- 酒精阳性乳
  - 新挤出的牛奶在20℃下与等量的70%酒精混合，产生絮状凝块乳
  - 病因：应激因素引起

11. 新生仔畜疾病诊断与治疗★★★

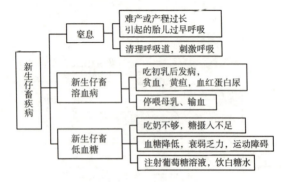

中兽医考点总结

1. 阴阳变化的基本规律 ★★★★

项目	规律
阴阳对立 （排斥、斗争、制约）	"寒者热之，热者寒之"
	"动极者镇之以静，阴亢者胜之以阳"
阴阳互根 （相互依存、互为根本）	"孤阴不生，独阳不长"
	"阴在内，阳之守也；阳在外，阴之使也"
阴阳消长 （此消彼长、动态平衡）	"阴消阳长，阳消阴长"
	阴阳失调导致："阴胜则阳病，阳胜则阴病"
阴阳转化 （属性转换）	"重阴必阳，重阳必阴"
	"寒极生热，热极生寒"

2. 五脏六腑各自功能、系统联系和开窍★★★★

五脏/六腑	主要功能	系统联系及开窍
心	主血脉、藏神	主汗；开窍于舌
小肠	主受盛化物、分别清浊	
肺	主气、司呼吸；主宣发肃降、通调水道	主一身之表，外合皮毛；开窍于鼻
大肠	主津和传导糟粕	
脾	主运化；主统血	主肌肉四肢；开窍于口，外应于唇
胃	主受纳、腐熟水谷	
肝	主疏泄、藏血	主筋，其华在蹄爪；开窍于目
胆	贮存和排泄胆汁	
肾	主藏精；主命门之火；主水；主纳气	主骨、生髓、通于脑；开窍于耳，司二阴
膀胱	主贮尿、排尿	

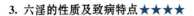

3. 六淫的性质及致病特点★★★★

六淫	主要性质	致病特点
风	轻扬开泄、善行数变、动摇不定，多兼他邪	风为阳邪，易袭阳位；善行数变，病位游移；风胜则动；百病之长
寒	寒冷、收引、凝滞	寒为阴邪，易伤阳气，表现寒象；易致疼痛；寒主收引，收缩拘急
暑	炎热升散，且多挟湿	暑邪为阳邪，表现阳热之象；易扰心神，易动肝风；其性升散，易伤津耗气；暑多挟湿
湿	重浊、黏滞、趋下	湿为阴邪，易伤阳气；湿邪易于阻遏气机；湿性趋下，易袭阴位；病程缠绵难愈
燥	干燥	燥性干涩，易伤津液；燥易伤肺
火	燔灼、炎上、耗气伤津、生风动血	表现阳热之象；易于伤津耗气；易生风、动血；火热之邪挟毒，易致阳性肿病

4. 舌色、舌苔、苔质★★★★★

（1）舌色

舌色	主证	病因	表现
白色	虚证	是气血不足，血脉空虚的表现	淡白、苍白
赤色	热证	因血得热则行，热盛而致气血沸涌，舌体脉络充盈	微红、鲜红、绛红、赤紫
黄色	湿证	因肝胆疏泄失职，脾失健运，湿热郁蒸，胆汁外溢所致	阳黄、阴黄
青色	主寒、主瘀、主痛	寒凝气滞，气血瘀阻不通	青白、青黄、青紫
黑色	主热极或寒极	危重证候	黑而无津者为热极；黑而津多者为寒极

（2）苔色

①白苔　主表证、寒证。

②黄苔　主里证、热证。

③灰黑苔　热证、寒湿。

（3）苔质

苔质	描述
厚薄	苔薄表示病邪较浅，病情轻见于外感表证；苔厚表示病邪深重或内有积滞
润燥	苔润表明津液未伤；苔滑多主水湿内停；干燥表明津液已伤，多为热证伤津或久病阴液耗亏
腐腻	腐苔，苔质疏松而厚，如豆腐渣堆积于舌面，可以刮掉；主胃肠积滞、食欲废绝。腻苔，苔质致密而细腻，擦之不去，刮之不脱，像一层浑浊的黏液覆盖在舌面上；多主湿浊内停

5. 切脉★★★★★

（1）切脉部位　马：切双凫脉或颌外动脉。牛：切尾动脉。猪、羊、犬：切股内动脉。

（2）常见反脉（六大纲脉）

六大纲脉	脉象	主证	意义
浮	轻按即得，重按减弱，如触水中浮木	表证	脉搏显现部位的深浅
沉	轻取不应，重按始得，如触水中沉石	里证	
迟	迟慢	寒证	心跳的频率
数	急促	热证	
虚	无力，空虚	虚证	搏动的强弱
实	有力，实满	实证	

6. 八纲辨证★★★★★

（1）表证和里证辨证要点

证候	寒热	舌苔	脉象	治法
表证	发热恶寒并见	薄	浮	解表
里证	无发热恶寒并见症状；但热不寒，或但寒不热	厚	沉	治里

（2）寒热证的鉴别要点

证候	寒热	口渴	四肢	粪便	尿液	口色	舌苔	脉象
寒证	畏寒喜热	不渴	冷	稀溏	清长	青白	白润	迟
热证	恶热喜寒	渴饮	热	秘结	短赤	赤红	干黄	数

（3）虚实证的辨证要点

证候	病程	体质	精神	动态	声息	胸腹	舌苔	脉象
虚证	长	弱	萎靡	多卧喜静	声低息微	胀满不痛	舌质嫩，苔少或无	无力
实证	短	壮	躁动	不卧喜动	声高息粗	胀满疼痛	舌质老，苔厚腻	有力

7. 常见脏腑辨证★★★★★

（1）心与小肠　心热内盛（香薷散）、痰火扰心（镇心散）、小肠中寒（橘皮散）。

（2）肝与胆　肝火上炎（决明散）、肝血虚（四物汤）、肝风内动（羚羊钩藤汤）、肝胆湿热（茵陈蒿汤）。

（3）脾与胃　脾虚不运（参苓白术散）、脾气下陷

（补中益气汤）、脾阳虚（理中汤）、胃食滞（曲蘖散）。

（4）**肺与大肠** 肺阴虚（百合固金汤）、痰饮阻肺（二陈汤）、风热犯肺（银翘散或桑菊饮）、风寒束肺（麻黄汤或荆防败毒散）、肺热咳喘（麻杏石甘汤）、食积大肠（大承气汤）、大肠湿热（白头翁汤）、大肠冷泻（桂心散或橘皮散）。

（5）**肾与膀胱** 肾阳虚衰（肾气丸）、肾阴虚（六味地黄散）、膀胱湿热（八正散）。

8. 卫气营血辨证★★★★★

（1）卫分病证 银翘散。

（2）气分病证 温热在肺（麻杏石甘汤）、热入阳明（白虎汤）、热结肠道（增液承气汤）。

（3）营分病证 热伤营阴（清营汤）、热入心包（清宫汤加减）。

（4）血分病证 血热妄行（犀角地黄汤）、气血两燔（清瘟败毒饮）、肝热动风（羚羊钩藤汤）、血热伤阴（青蒿鳖甲汤）。

9. 六经辨证★★★★★

（1）太阳病证 太阳伤寒（麻黄汤）、太阳中风（桂枝汤）。

（2）阳明病证 阳明经证（白虎汤）、阴明腑证（大承气汤，津亏者增液承气汤）。

（3）少阳病证 小柴胡汤。

（4）太阴病证　理中汤。

（5）少阴病证　少阴寒化证（四逆汤）、少阴热化证（黄连阿胶汤）。

（6）厥阴病证　寒厥（四逆汤）、热厥（白虎汤）、蛔厥（乌梅丸）。

10. 中药性能与配伍★★★★

（1）四气　寒、凉、热、温。此外，还有平性药（即中性药，如甘草、大枣）。

（2）五味　辛（行气、行血）、甘（滋补、和中）、酸（收敛、固涩）、苦（清热、燥湿）、咸（泻下、软坚）、淡味药依附于甘味（渗湿、利水）。

（3）常用药对　麻黄与桂枝；荆芥与防风；石膏与知母；柴胡与升麻；大黄与芒硝；黄芩、黄连、黄柏；山楂、神曲、麦芽；金银花与连翘；大青叶与板蓝根；羌活与独活；川贝母与浙贝母；生姜、干姜、炮姜；桃仁与红花等。

（4）方剂组成原则　君（主）、臣（辅）、佐、使。

（5）方剂的组成变化形式　药味增减、药量增减、数方合并、剂型变化。

（6）十八反　本草名言十八反，半蒌贝蔹及攻乌，藻戟遂芫俱战草，诸参辛芍叛藜芦。

11. 解表方药★★★★

（1）辛温解表　药：①麻黄，发汗散寒、宣肺平

喘、利水消肿；②桂枝，发汗解肌、温通经脉、助阳化
气；③防风，祛风发表、胜湿解痉；④荆芥，发汗解
表、祛风；⑤紫苏，发表散寒、行气和胃；⑥生姜，解
表散寒，温中止呕；⑦白芷，散风祛湿、消肿排脓、通
窍止痛。

方：①麻黄汤（麻黄、桂枝、杏仁、炙甘草），主
治外感风寒表实证；②桂枝汤（桂枝、白芍、炙甘草、
生姜、大枣），主治外感风寒表虚证；③荆防败毒散，
主治外感挟湿表寒证。

（2）辛凉解表　药：①薄荷，疏散风热、清利头
目；②柴胡，和解退热、疏肝理气、升举阳气；柴胡-
升麻用于子宫脱垂等；③升麻，发表透疹、清热解毒、
升阳举陷；④葛根，解肌发表、生津止渴、升阳止泻；
⑤桑叶，疏风散热、清肝明目；⑥菊花，散风清热、清
肝明目；⑦蝉蜕，散风热、利咽喉、退云翳、解痉。

方：①银翘散，主治外感风热或温病初起；②小柴
胡汤，主治少阳病。

12. 清热方药★★★★★

（1）清热泻火　药：①石膏，清热泻火、外用收敛
生肌；②知母，清热、滋阴、润肺、生津；③栀子，清
热泻火、凉血解毒；④芦根，清热生津；⑤夏枯草，清
肝火、散郁结。

方：白虎汤（石膏、知母、甘草、粳米），主要治

阳明经证或气分热盛。

（2）清热凉血　药：①生地，清热凉血、养阴生津；②牡丹皮，清热凉血，活血散瘀；③白头翁，清热解毒、凉血止痢；④玄参，清热养阴、润燥解毒；⑤地骨皮，清热凉血、退虚热；⑥水牛角，清热定惊、凉血止血、解毒。

方：犀角地黄汤，主治热入血分、热扰心营者。

（3）清热燥湿　药：①黄连，清热燥湿、泻火解毒；②黄芩，清热燥湿、泻火解毒、安胎；③黄柏，清湿热、泻火毒、退虚热；④秦皮，清热燥湿、清肝明目；⑤苦参，清热燥湿、祛风杀虫、利尿；⑥龙胆，泻肝胆实火，除下焦湿热。

方：①白头翁汤（白头翁、黄柏、黄连、秦皮），主治热毒血痢；②茵陈高汤（茵陈高、栀子、大黄），主治湿热黄疸；③郁金散，清热解毒、涩肠止泻，主治肠黄（马急性肠炎）。

（4）清热解毒　药：①金银花，清热解毒；②连翘，清热解毒、消肿散结；③紫花地丁，清热解毒；④蒲公英，清热解毒、散结；⑤板蓝根，清热解毒、凉血、利咽；⑥穿心莲，清热解毒、燥湿止泻；⑦马齿苋，凉血解毒、清肠治痢。

方：①黄连解毒汤（黄连、黄芩、黄柏、栀子），主治三焦热盛或疮疡脓毒；②五味消毒饮，清热解毒、消疮散痈。

（5）清热解暑　药：①香薷，祛暑解表，利湿行水；②青蒿，清热解暑，退虚热，杀虫；③荷叶，升发清阳、凉血止血。

方：香薷散，主治马、牛伤暑。

13. 攻下方药★★★★

（1）攻下　药：①大黄，攻积导滞、泻火、凉血、活血祛瘀；②芒硝，软坚泻下、清热泻火；③番泻叶，功效可靠，寒秘、热秘皆可。

方：大承气汤（大黄、芒硝、厚朴、枳实），主治结症、便秘。

（2）润下　药：①火麻仁，润肠通便、滋养益津、利水消肿；②郁李仁，润肠通便、利水消肿；③食用油，润燥滑肠；④蜂蜜，润肺、滑肠、解毒、补中。

方：当归苁蓉汤，主治老弱、久病、体虚畜的便秘，补虚。

14. 消导方药★★

药：①神曲，消食化积、健胃和中，善消谷积；②山楂，消食健胃、活血化瘀，善消油腻；③麦芽，消食和中、回乳；④鸡内金，消食健脾、化石通淋；⑤莱菔子，消食导滞、降气化痰。

方：①曲蘖散，消积化谷、破气宽肠，主治马、牛料伤；②保和丸，消食和胃、退热利湿，主治食积停滞。

15. 止咳化痰平喘方药★★★★

（1）**温化寒痰** 药：①半夏，降逆止呕、燥湿祛痰、宽中消痞、下气散结，主治寒痰、止呕；②天南星，燥湿祛痰、祛风解痉、消肿毒，为祛风痰顽痰的主药；③旋覆花，降气平喘、消痰行水；④白前，祛痰、降气止咳。

方：二陈汤（制半夏、陈皮、茯苓、炙甘草），主治湿痰咳嗽（痰多色白）、呕吐、腹胀。

（2）**清化热痰** 药：①贝母，止咳化痰、清热散结；②瓜蒌，清热化痰、宽中散结；③桔梗，宣肺祛痰、排脓消肿；④天花粉，清肺化痰、养胃生津；⑤前胡，降气祛痰、宣散风热。

方：①麻杏甘石汤（麻黄、杏仁、炙甘草、石膏），主治肺热气喘；②清肺散，清肺平喘、化痰止咳；③百合散，滋阴清热、润肺化痰。

（3）**止咳平喘** 药：①杏仁，止咳平喘、润肠通便；②款冬花，润肺下气、止咳化痰；③百部，润肺止咳、杀虫灭虱；④枇杷叶，化痰止咳、和胃降逆；⑤紫菀，化痰止咳、下气；⑥白果，敛肺定喘，收涩除湿。

方：①止咳散，主治外感咳嗽；②苏子降气汤，主治上实下虚的喘咳证。

16. 温里方药★★

药：①附子，温中散寒、回阳救逆、除湿止痛；②干姜，温中散寒、回阳通脉；③肉桂，暖肾壮阳、温中祛寒、活血止痛；入血分，药效持久，守而不走；④小茴香，祛寒止痛、理气和胃、暖腰肾；⑤吴茱萸，温中止痛、理气止呕；⑥艾叶，理气血、逐寒湿、安胎；⑦花椒，温中散寒、杀虫止痒。

方：①理中汤（党参、干姜、炙甘草、白术），主治脾胃虚寒证；②茴香散，主治风寒湿邪引起的腰胯疼痛；③桂心散，主治脾胃阴寒所致吐涎不食、腹痛、肠鸣泄泻；④四逆汤（熟附子、干姜、炙甘草），主治肝肾阳虚、心肾阳虚、少阴病或太阳病误汗亡阳、四肢厥逆。

17. 祛湿方药★★★

（1）祛风湿　药：①羌活，发汗解表、祛风止痛；②独活，祛风胜湿、止痛；③木瓜，舒筋活络、和胃化湿；④五加皮，祛风湿、壮筋骨；⑤秦艽，祛风湿、退虚热；⑥威灵仙，祛风湿、通经络、消肿止痛；⑦防己，利水退肿、祛风止痛；⑧桑寄生，祛风湿、补肝肾，强筋骨，安胎；⑨乌梢蛇，祛风、活络、止痉。

方：①独活散，主治风湿痹痛；②独活寄生汤，益肝肾，补气血，祛风湿，止痹痛。

（2）渗湿利水　药：①茯苓，渗湿利水、健脾补中、宁心安神；②猪苓，利水通淋、除湿退肿；③茵陈，清湿热，利黄疸；④泽泻，利水渗湿，泻肾火；⑤车前子，利水通淋、清肝明目；⑥金钱草，利水通淋、清热消肿；⑦滑石，利水通淋、清热解暑；⑧薏苡仁，健脾、渗湿、排脓；⑨石韦，利尿通淋、清热止血。

方：①五苓散（猪苓、茯苓、泽泻、白术、桂枝），主治外有表证、内停水湿；②八正散，清热泻火，利水通淋；主治湿热下注引起的热淋、石淋。

（3）芳香化湿　药：①藿香，芳香化湿、和中止痛、解表邪、除湿滞；②苍术，燥湿健脾、发汗解表、祛风湿；③佩兰，醒脾化湿，解暑生津；④白豆蔻，芳香化湿，行气和中，化痰消滞；⑤草豆蔻，温中燥湿，健脾和胃。

方：①平胃散（苍术、厚朴、陈皮、甘草、生姜、大枣），主治胃寒食少、寒湿困脾；②藿香正气散，主治外感风寒、内伤湿滞、中暑。

18. 理气方药★

药：①陈皮，理气健脾、燥湿化痰；②青皮，疏肝止痛、破气消积；③厚朴，行气燥湿、降逆平喘；④枳实，破气消积、通便利膈；⑤香附，理气解郁、散结止痛；⑥木香，行气止痛、和胃止泻；⑦砂仁，行气和中、温脾止泻，安胎；⑧槟榔，杀虫消积、行气利水。

方：①橘皮散，主治马伤水腹痛起卧；②越鞠丸，主治由于气、火、血、痰、湿、食（六郁）所致的肚腹胀满、嗳气呕吐等属于实证者。

19. 理血方药★★

（1）活血祛瘀　药：①川芎，活血行气、祛风止痛；②丹参，活血祛瘀、凉血止痛、养血安神；③桃仁，破血祛瘀、润燥滑肠；④红花，活血通经、祛瘀止痛；⑤益母草，活血祛瘀、利水消肿；⑥王不留行，活血通经、下乳消肿；⑦赤芍，凉血活血、消肿止痛；⑧乳香，活血止痛、生肌；⑨没药，活血祛瘀、止痛生肌；⑩牛膝，补肝肾，强筋骨，逐瘀通经，引血下行。

方：①桃红四物汤（桃仁、当归、赤芍、红花、川芎、生地），主治血瘀所致的四肢疼痛、血虚有瘀、产后血瘀腹痛、血瘀所致的不孕症；②红花散，主治料伤五攒痛（即蹄叶炎）；③生化汤，主治产后血虚受寒、恶露不行、肚腹疼痛；④通乳散，主治气血不足、经络不通所致的缺乳症。

（2）止血　药：①三七，散瘀止血、消肿止痛；②白及，收敛止血、消肿生肌；③小蓟，凉血止血、散瘀消肿；④地榆，凉血止痛、收敛解毒；⑤槐花，凉血止痛、清肝明目。

方：①槐花散，主治肠风下血、血色鲜红、粪中带血；②秦艽散，主治热积膀胱、弩伤尿血。

20. 收涩方药★★★

（1）涩肠止泻　药：①诃子，涩肠止泻、敛肺止咳；②乌梅，敛肺涩肠、生津止渴、驱虫；③肉豆蔻，收敛止血、温中行气；④石榴皮，收敛止泻、杀虫；⑤五倍子，涩肠止泻、止咳、止血、杀虫解毒。

方：乌梅散（乌梅、干柿、诃子肉、黄连、郁金），主治幼驹奶泻、湿热下痢。

（2）敛汗涩精　药：①五味子，敛肺、滋肾、敛汗涩精、止泻；②牡蛎，平肝潜阳、软坚散结、敛汗涩精；③浮小麦，止汗；④金樱子，固肾涩精、涩肠止泻；⑤桑螵蛸，补肾助阳、固精缩尿、止淋浊。

方：①牡蛎散，主治体虚自汗；②玉屏风散，主治表虚自汗及体虚易感风邪者。

21. 补虚方药★★★★

（1）补气　药：①党参，补中益气、健脾生津；②黄芪，补气升阳、固表止汗、托毒生肌、利水退肿；③甘草，补中益气、清热解毒、润肺止咳、暖和药性；④山药，健脾胃、益肺肾；⑤白术，补脾益气、燥湿利水、固表止汗；⑥甘草，补中益气，清热解毒，润肺止咳，解毒。

方：①四君子汤（党参、炒白术、茯苓、炙甘草），主治脾胃气虚；②补中益气汤，主治脾胃气虚及气虚下陷（子宫脱垂）；③生脉散，主治暑热伤气、气津两伤。

（2）补血　药：①当归，补血活血、活血止痛、润肠通便；②白芍，平抑肝阳、柔肝止痛、敛阴养血；③熟地黄，补血滋阴；④阿胶，补血止血、滋阴润肺、安胎；⑤何首乌，生用润肠通便、解毒疗疮，制首乌补肝肾、益精血、壮筋骨。

方：①四物汤（熟地黄、白芍、当归、川芎），主治血虚、血瘀；②归芪益母汤，补气生血、活血祛瘀。

（3）助阳　药：①肉苁蓉，补肾壮阳、润肠通便；②淫羊藿，补肾壮阳、强筋骨、祛风除湿；③杜仲，补肝肾、强筋骨、安胎；④巴戟天，补肾阳、强筋骨、祛风湿；⑤补骨脂，温肾壮阳、止泻；⑥续断，补肝肾、强筋骨、续伤折、安胎。

方：①肾气丸（六味地黄丸加附子、肉桂），主治肾阳虚衰；②巴戟散，主治肾阳虚衰、腰胯疼痛、后肢难移、腰脊僵硬等。

（4）滋阴　药：①沙参，润肺止咳，养胃生津；②麦冬，清心润肺，养胃生津；③百合，润肺止咳，清心安神；④枸杞子，养阴补血，益精明目；⑤天冬，养阴清热，润肺滋阴；⑥石斛，滋阴生津，清热养胃；⑦女贞子，滋阴补肾，养肝明目；⑧山茱萸，补益肝肾、涩精敛汗。

方：①六味地黄丸［熟地黄、山萸肉、山药（三补），泽泻、茯苓、丹皮（三泻）］，主治肝肾阴虚、虚火上炎所致的潮热盗汗、腰膝痿软无力、耳鼻四肢温热等；②百合固金汤，主治肺肾阴虚、虚火上炎所致的燥咳气喘、痰中带血等。

22. 平肝方药★★

（1）平肝明目　药：①石决明，平肝潜阳，清肝明目；②决明子，清肝明目，润肠通便；③木贼，疏风热，退翳膜。

方：决明散，主治肝经积热，外传于眼所致的目赤肿痛，云翳遮睛。

（2）平肝息风　药：①天麻，平肝息风，镇痉止痛；②钩藤，息风止痉；③全蝎，息风止痉，解毒散结，通络止痛；④蜈蚣，息风止痉，解毒散结，通络止痛；⑤僵蚕，息风止痉，祛风止痛，化痰散结。

方：①牵正散（白附子、白僵蚕、全蝎），主治"歪嘴风"；②镇肝息风汤，主治阴虚阳亢，肝风内动所致的口歪眼斜、转圈、抽搐等。

23. 针灸★★★★★

（1）主穴选穴原则

①局部选穴　眼病选睛明、太阳穴，舌肿痛选通关穴，蹄病选蹄头穴等。

②邻近选穴　病变部位附近选穴。

③循经选穴　肺热咳喘选肺经的颈脉穴，胃气不足选胃经的后三里穴等。

④**随症选穴**　发热选大椎穴，腹痛选三江、姜牙、蹄头穴，中暑、中毒选颈脉、耳尖、尾尖穴，急救选山根、分水穴。

（2）**巧治穴位**　抽筋选夹气、肷俞、滚蹄穴等。

（3）**家畜常用穴位**

①**锁口**　位于口角后上方约 3cm 的凹陷处，左右侧各一穴；主治牙关紧闭、"歪嘴风"。

②**大椎**　位于颈椎与第一胸椎棘突间的凹陷中；主治咳嗽、气喘、癫痫。

③**百会**　位于最后腰椎棘突与第一荐椎之间的凹陷处正中；主治腰风湿、闪伤、二便不利、后躯瘫痪。

④**后三里**　主治脾胃不和、肠黄、仔猪泄泻、腹痛、后肢瘫痪。

⑤**脾俞**　主治肚胀、积食、泄泻、便秘、腹痛、脾胃虚弱。

⑥**尾尖**　主治中暑、感冒、风湿症、肺黄、脾胃不和、饲料中毒，腹痛。

⑦**后海**　位于肛门与尾根之间的凹陷中；主治久痢泄泻、便秘、脱肛。

（4）**犬病针灸穴位**　中暑：血针（耳尖、尾尖穴）、白针（水沟、大椎穴）。肺炎：白针（肺俞、大椎穴）、血针（耳尖、尾尖穴）。便秘：电针（双侧关元俞穴）、白针（关元俞、大肠俞、脾俞穴）。椎间盘突出：白针、电针（百会、尾根、后三里、趾间、天门、身柱穴）。瘟热后遗症抽搐：电针（山根、翳风、抢风、百会穴）。

24. 病证防治★★★★★

（1）发热

①外感发热

a. 表证发热 外感风寒：麻黄汤/桂枝汤/荆防败毒散。外感风热：银翘散。外感暑湿：新加香薷饮。

b. 半表半里发热 寒热往来，脉弦；可用小柴胡汤。

c. 里证发热 气分证发热。营分证发热。血分证发热。湿热蓄结：大肠湿热，可用白头翁汤/郁金散；肝胆湿热，可用茵陈蒿汤/龙胆泻肝汤；膀胱湿热，可用八正散。

②内伤发热 阴虚发热：秦艽鳖甲汤。气虚发热：补中益气汤。血瘀发热：桃红四物汤。

（2）咳嗽

①外感咳嗽 风寒咳嗽：荆防败毒散。风热咳嗽：银翘散或桑菊饮。肺火咳嗽：清肺散。

②内伤咳嗽 肺气虚咳嗽：四君子汤合止嗽散。肺阴虚咳嗽：清燥救肺汤。

（3）喘证

①热喘 麻杏石甘汤。

②寒喘。

③虚喘　肺虚喘：补肺汤。肾虚喘：蛤蚧散。

（4）泄泻

①寒泻　猪苓散。

②热泻　郁金散。

③伤食泻　保和丸。

④虚泻　脾虚泻：参苓白术散。肾虚泻：四神丸合四君子汤。

（5）黄疸

①阳黄　表现为黏膜发黄、鲜明如橘等。清热利湿，可用加味茵陈蒿汤。

②阴黄　表现为可视黏膜发黄、黄色晦暗等。健脾益气、温中化湿，可用茵陈术附汤。

（6）淋证

①热淋：八正散。

②血淋：小蓟饮子。

③砂淋：八正散。

④膏淋：草薢（bì xiè）分清饮。

猪疾病综合考点总结

1. 病原

（1）病毒　PCV-单股负链环状，PPV-单股；AS-FV-双股，PRV-双股。

（2）细菌

细菌	记忆要点
大肠杆菌	麦康凯琼脂，红色菌落
沙门氏菌	在SS琼脂培养基上呈无色透明菌落有黑色中心
李氏杆菌	亚碲酸钠胰蛋白胨琼脂平板，长出中央黑色周围绿色的菌落
胸膜肺炎放线杆菌	需要V因子（有些菌株需要NAD，烟酰胺腺嘌呤二核苷酸），血琼脂，β溶血
副猪嗜血杆菌	需要V因子，不需要X因子（血红素等），鲜血平板，卫星生长，不溶血
布鲁氏菌	柯兹洛夫斯基染色-红色球杆菌

2. 临床表现

(1) 繁殖障碍

病毒性疾病	症状	病变	防控	流行特点	诊断
猪呼吸与繁殖综合征	母猪妊娠后期流产,新生仔猪呼吸困难、死亡率高	弥漫性间质性肺炎	弱毒疫苗、灭活疫苗	新生仔猪;分娩母猪多发	
伪狂犬病	母猪:流产、死胎。仔猪:神经症状、腹泻、高死亡率。保育-育肥猪:呼吸道问题	肝、脾坏死;扁桃体坏死;肾有出血点	伪狂犬病基因缺失弱毒苗	猪是感染后唯一可存活的动物;鼠是重要的传播媒介	病料接种家兔、小鼠后奇痒,死亡
	其他动物:发热、奇痒、脑脊髓炎		致死性		

（续）

病毒性疾病	症状	病变	防控	流行特点	诊断
乙型脑炎	母猪高热、流产、死胎、木乃伊胎，公猪一侧或两侧睾丸炎	脑水肿、脑液化	在蚊虫出现前接种弱毒疫苗	季节性：猪-蚊-猪	蚊虫活动季节；繁殖障碍
细小病毒病	初产母猪繁殖障碍	胎盘钙化	配种前2个月接种灭活疫苗	初产母猪	

细菌性疾病	症状	防控	流行特点	诊断
布鲁氏菌病	流产、不育、睾丸炎、关节炎、滑液囊炎	免疫或净化	柯兹洛夫斯基（沙黄-孔雀绿）染色法，本菌染成红色	血清凝集试验
钩端螺旋体病	发热、贫血、水肿、黄疸、血红蛋白尿、神经症状、流产	首选药物为青霉素G	鼠类带菌率高，猪带菌排菌；主要通过尿液排菌，通过皮肤、黏膜感染	在暗视野或相差显微镜下，呈"C"或"S"形弯曲运动

（续）

细菌性疾病	症状	防控	流行特点	诊断
李氏杆菌	脑炎、脊髓炎、败血症、流产	氨苄西林	散发、致死率高	细菌分离

（2）呼吸系统疾病

病毒性疾病	症状	病变	防控	流行特点	诊断
猪呼吸与繁殖综合征	母猪妊娠后期流产，新生仔猪呼吸困难、死亡率高	弥漫性间质性肺炎	疫苗	新生仔猪；分娩母猪多发	
伪狂犬病	母猪：流产、死胎。仔猪：神经症状、腹泻、高死亡率。保育-育肥猪：呼吸道问题	肝、脾坏死；扁桃体坏死；肾有出血点	伪狂犬病基因缺失弱毒苗	猪是感染后唯一可存活的动物；鼠是重要的传播媒介	病料接种家兔、小鼠后奇痒，死亡

（续）

病毒性疾病	症状	病变	防控	流行特点	诊断
圆环病毒病	保育猪消瘦，腹股沟淋巴结显著肿大	间质性肺炎	灭活苗、亚单位疫苗	保育猪、育肥猪多发	猪群普遍感染

细菌性疾病（重要）	症状	病变	防控
支原体肺炎	体温、食欲正常；运动、采食时咳喘明显	肺脏双侧对称性实（肉）变（X线检查）	替米考星、泰妙菌素、大观霉素及喹诺酮类。注意：青霉素、头孢类无效
猪传染性胸膜肺炎	发热、咳喘、濒死前口鼻腔流出血泡沫样分泌物	急性出血性胸膜肺炎；慢性纤维性坏死性胸膜肺炎	氟苯尼考、头孢噻呋、磺胺间甲氧、恩诺沙星
猪肺疫	猝死，锁喉风——咽喉部肿胀	纤维素性肺炎、咽喉部炎性水肿	氟苯尼考、头孢噻呋

（续）

细菌性疾病（重要）	症状	病变	防控
副猪嗜血杆菌病	多发性纤维素性浆膜炎和关节炎	腹膜炎、关节炎、胸膜肺炎、心包炎、脑膜炎	头孢噻呋、替米考星
萎缩性鼻炎	鼻炎、泪痕、生长迟缓	鼻中隔偏曲、鼻甲骨萎缩变形	磺胺类

（3）消化系统疾病

病毒性疾病	症状	病变	防控	流行特点
传染性胃肠炎、流行性腹泻	呕吐、腹泻、脱水；10日龄内仔猪高死亡率；其他猪轻微	回肠、空肠绒毛萎缩变短是特征性病变	升温、补液、免疫	哺乳仔猪

（续）

病毒性疾病	症状	病变	防控	流行特点
伪狂犬病	母猪：流产、死胎。仔猪：神经症状、腹泻、高死亡率。保育-育肥猪：呼吸道问题	肝、脾坏死；扁桃体坏死；肾有出血点	伪狂犬基因缺失弱毒苗	猪是感染后唯一可存活的动物；鼠是重要的传播媒介

细菌性疾病（重要）	发病阶段	病原	表现	病变
仔猪黄痢	1～7日龄	大肠杆菌（麦康凯培养基）	黄色水样稀便、迅速脱水死亡	肠炎：肠黏膜呈卡他性炎症，十二指肠最严重
仔猪白痢	10～20日龄	大肠杆菌（麦康凯培养基）	排灰白色的糊状带腥臭味稀便	无特征性
仔猪水肿病	断奶后	大肠杆菌（麦康凯培养基）	"快、大、壮"仔猪发病；急性死亡＋神经症状	水肿：眼睑、胃大弯、肠系膜

（续）

细菌性疾病（重要）	发病阶段	病原	表现	病变
仔猪红痢	1～3 日龄	C 型或 A 型产气荚膜梭菌，G+	1～3 日龄仔猪排血便，发病急，病程短，死亡率高	出血性坏死性肠炎
猪痢疾（血痢）	7～12 周龄	猪痢疾短螺旋体	黏液性或黏液性出血性下痢	大肠卡他性、出血性炎症反应；肠系膜及其淋巴结充血、水肿
仔猪副伤寒	1～4 月龄	沙门氏菌，G−（SS 琼脂）	急性：败血症；慢性：坏死性肠炎	败血症：脾肿大，坚硬似橡皮，切面呈蓝紫色；肠系膜淋巴结索状肿大，胃肠黏膜卡他性炎症。坏死性肠炎：盲肠、结肠肠黏膜出现纤维素性坏死性炎症

（4）全身感染疾病

病毒性疾病（重要）	症状	病变	流行特点	诊断
非洲猪瘟	发热、皮肤发绀或黄染；血便，呕吐；流产-死亡；死亡率高	脾脏显著肿大（为正常的5～6倍）；淋巴结肿大、出血；消化道出血；血色腹水	接触传播、钝缘蜱	PCR
猪瘟	急性型：高热（41℃），结膜炎，初便秘后腹泻，死亡率高。慢性型：食欲时好时坏，体温时高时低，便秘与腹泻交替。迟发型：母猪先天性感染，免疫耐受，繁殖障碍	（1）皮肤、浆膜、黏膜和脏器出血；淋巴结出血呈大理石样；脾有出血性梗死；肾脏呈"雀蛋肾"；喉头、膀胱出血。（2）盲肠、回盲瓣口及结肠黏膜出现纽扣状溃疡。（3）肾脏有凹陷		荧光抗体试验

（续）

病毒性疾病（重要）	症状	病变	流行特点	诊断
猪圆环病毒病	仔猪断奶衰竭综合征：消瘦、腹股沟淋巴结肿大。猪皮炎与肾炎综合征：皮炎、肾病	增生性坏死性间质性肺炎。肾脏显著肿大有白斑		PCR
口蹄疫	水疱和烂斑、仔猪猝死	虎斑心	寒冷季节；偶蹄兽	
水疱病	只引起猪发病，其他与口蹄疫类似			

细菌性疾病（重要）	病原	表现
链球菌病	G⁺ 短链状球杆菌	出血性败血症、化脓性脑炎、关节炎
李氏杆菌病	G⁺ 小杆菌，两菌呈 V 形并列	脑膜脑炎、败血症和母猪流产；头颈后仰呈观星姿势、散发
猪丹毒	G⁺ 小杆菌	皮肤有形状规则的疹块

禽疾病综合考点总结

1. 病毒性传染病

病名	病原	特征性症状	诊断方法	防治
禽流感	正黏病毒科禽流感病毒	排黄绿或黄白色稀粪，肿头，冠髯和胫部鳞片坏死、出血和发绀。腺胃黏膜呈点状或片状出血，腺胃与食管交界处、腺胃与肌胃交界处有出血带或溃疡	取尿囊液做血凝试验，并用琼脂扩散试验和血凝抑制试验	疫苗
新城疫	新城疫病毒	腺胃乳头出血，嗉囊积液，盲肠扁桃体出血肿大、坏死	血凝和血凝抑制试验	疫苗
鸡传染性支气管炎	传染性支气管炎病毒	呼吸型、肾型、腺胃型	酶联免疫吸附试验	疫苗
鸡传染性喉气管炎	疱疹病毒	咳出含有血液的渗出物	包含（涵）体检查	疫苗

（续）

病名	病原	特征性症状	诊断方法	防治
传染性法氏囊病	传染性法氏囊病病毒	腿肌和胸肌出血、腺胃和肌胃交界有条状出血	琼脂扩散试验	疫苗
禽传染性脑脊髓炎	禽传染性脑脊髓炎病毒	鸡共济失调，阵发性头颈震颤，两肢轻瘫及不完全麻痹；蛋鸡短期产蛋量下降	鸡胚易感性试验	疫苗
产蛋下降综合征	禽腺病毒Ⅲ群（垂直传播）	产蛋骤然下降，软壳蛋和畸形蛋增加	血凝抑制试验	疫苗
禽痘	鸡痘病毒	少毛或无毛的皮肤上发生痘疹（皮肤型），或在口腔、咽喉部黏膜形成纤维素性坏死性假膜和增生性病灶（白喉型）	镜检	疫苗
禽呼肠孤病毒感染	呼肠孤病毒（垂直传播）	胫和跗关节上方的腱索肿大和腓肠肌腱断裂，病鸡表现跛行	琼脂扩散试验	疫苗
鸡传染性贫血	传染性贫血病毒	再生障碍性贫血，全身淋巴组织萎缩和引起机体免疫抑制	鸡胚易感性试验	疫苗

（续）

病名	病原	特征性症状	诊断方法	防治
马立克氏病	疱疹病毒	外周神经、性腺、虹膜、内脏器官形成肿瘤	荧光抗体、琼脂扩散试验	疫苗
禽白血病	反转录病毒（垂直传播）	肿瘤主要发生于肝、脾、法氏囊、肾	酶联免疫吸附试验	净化
禽网状内皮组织增殖症	反转录病毒	以淋巴网状细胞增生为特征的肿瘤性疾病。包括急性致死性网状细胞肿瘤、慢性淋巴细胞性肿瘤和矮小综合征	间接免疫荧光试验、病毒中和试验	淘汰阳性母鸡
鸭瘟	鸭瘟病毒	食管和泄殖腔黏膜出血、水肿和坏死	中和试验、琼脂扩散试验	疫苗
鸭病毒性肝炎	鸭肝炎病毒	肝脏肿大和出血斑点	中和试验、琼脂扩散试验	疫苗
小鹅瘟	细小病毒	出血性、纤维素性渗出性、坏死性肠炎	鹅胚接种	疫苗

(续)

病名	病原	特征性症状	诊断方法	防治
雏番鸭细小病毒病	细小病毒	空肠中、后段显著膨胀，在肠道膨大处内有一小段质地松软的黏稠渗出物，长3～5cm，呈黄绿色	鸭胚接种和PCR方法	疫苗
鸭坦布苏病毒病	鸭坦布苏病毒（垂直传播）	产蛋量急剧下降，卵泡膜出血，卵泡变性	RT-PCR	疫苗

2. 细菌性传染病

病名	病原	特征性症状	诊断方法	防治
沙门氏菌病	沙门氏菌	雏鸡：2～3周达高峰；排白色糨糊状粪便，肛门周围绒毛被粪便污染；肝脏可见大小不等的坏死点；卵黄吸收不良。育成鸡：40～80日龄，平养多发；肝肿大、质脆；脾肿大；心包增厚，心肌有数量不一的黄色坏死灶。	全血平板凝集试验	淘汰阳性鸡

（续）

病名	病原	特征性症状	诊断方法	防治
沙门氏菌病	沙门氏菌	成年鸡：明显影响产蛋量，产蛋高峰不高，维持时间短。特征性症状为卵子变形、变色、坏死，卵蒂变长，可引起卵黄性腹膜炎	全血平板凝集试验	淘汰阳性鸡
亚利桑那菌病	亚利桑那沙门氏菌	肝脏肿大2～3倍，呈土黄色斑驳样，表面有砖红色条纹。肝脏质地脆弱，切面有针尖大灰色坏死灶和出血点。胆囊肿大，胆汁浓稠	镜检	疫苗
大肠杆菌病	大肠杆菌	急性：排白色或黄绿色的稀便。心肌、心冠脂肪有大量出血点，心肌变薄，肝脏肿大，呈紫红色或铜绿色，表面有灰白或灰黄色点状坏死灶。	麦康凯琼脂平板分离细菌	疫苗

（续）

病名	病原	特征性症状	诊断方法	防治
大肠杆菌病	大肠杆菌	输卵管炎/卵黄性腹膜炎：输卵管和子宫显著膨胀，管壁变薄，有干酪样物阻塞输卵管，使排出的卵落到腹腔而引起腹膜炎	麦康凯琼脂平板分离细菌	疫苗
多杀性巴氏杆菌病	多杀性巴氏杆菌	剧烈腹泻，排黄色、灰白色或绿色稀粪；腹膜、皮下组织及腹部脂肪常见大小不等的出血点；心冠脂肪出血；肝脏肿大、质脆，呈棕或黄棕色，表面散布许多灰白色针尖大的坏死点	染色镜检	疫苗、隔离治疗
鸡传染性鼻炎	副鸡嗜血杆菌	鼻腔与鼻窦发炎，流涕，面部肿胀	血凝试验和血凝抑制试验	疫苗
弯曲杆菌病	弯曲杆菌	以腹泻和肝炎为主要特征	镜检	抗菌药物

（续）

病名	病原	特征性症状	诊断方法	防治
链球菌病	链球菌	急性表现败血症；慢性为纤维素性关节炎或腱鞘、输卵管炎、腹膜炎、纤维素性心包炎、肝周炎	镜检	抗菌药物
葡萄球菌病	金黄色葡萄球菌	腱鞘炎、化脓性关节炎、黏液囊炎、败血症、脐炎、眼炎	镜检	疫苗
李氏杆菌病	李氏杆菌	多见败血症和脑炎，败血症常表现突然死亡，脑炎可出现神经症状（如共济失调、角弓反张、斜颈等）。腿部肌肉有少量米粒大小的出血斑，两侧坐骨神经纹路模糊、水肿	血平板，β溶血环	药物
溃疡性肠炎	肠道梭菌	肝、脾坏死，十二指肠出血、溃疡	肝涂片染色，一端有芽孢梭菌	药物

（续）

病名	病原	特征性症状	诊断方法	防治
禽坏死性肠炎	产气荚膜梭菌	排出混有血液的、黑色或黑褐色煤焦油样稀粪，剖检小肠黏膜出血、溃疡和坏死	病变部位接种血琼脂平板	药物
坏疽性皮炎	产气荚膜梭菌	翅下、胸、腹、腿及末梢部位皮肤呈现黑色湿性坏疽；皮肤及皮下组织水肿、气肿、坏死	镜检	药物
鸭浆膜炎	鸭疫里氏杆菌	心包炎、肝周炎、气囊炎	凝集试验、琼脂扩散试验	疫苗
支原体病	鸡败血支原体（垂直传播）	气管炎和气囊炎，以咳嗽、气喘、流鼻液和呼吸啰音为特征	血清平板凝集试验	疫苗
衣原体病	衣原体	流产、肺炎、肠炎、结膜炎、关节炎、脑炎	接种鸡胚	药物

3. 真菌性传染病

病名	病原	特征性症状	诊断方法	防治
禽曲霉菌病	烟曲霉菌和黄曲霉菌	气喘、咳嗽，肺、气囊、胸腹腔浆膜表面形成曲霉菌性结节或霉斑	镜检	药物
禽念珠菌病	白色念珠菌	嗉囊病变更为显著。嗉囊黏膜散布疏松的薄层灰白色斑片。病程稍久，嗉囊黏膜增厚，表面覆盖厚层皱纹状黄白色坏死物，脱落后黏膜肿胀呈暗红色，偶见黏膜出血	镜检	药物

牛羊病综合考点总结

	病原类型	重点疾病	其他疾病
传染病	病毒病	口蹄疫、绵羊痘、小反刍兽疫、蓝舌病	牛病毒性腹泻/黏膜病、牛流行热、牛传染性鼻气管炎、牛结节性皮肤病
	细菌病	炭疽、布鲁氏菌病、结核、羊梭菌病、牛巴氏杆菌病、牛传染性角膜结膜炎	
	其他	牛传染性胸膜肺炎	真菌病

1. 口蹄疫

（1）主要特点　偶蹄兽患病，牛最易感，在水疱皮内及淋巴液中含毒量最多。

（2）临床特征　流涎、高热，口腔黏膜、蹄冠皮肤和乳头附近皮肤发生水疱和溃烂。

（3）特征性病变　恶性口蹄疫可在心肌切面上见到灰白色或淡黄色条纹与正常心肌相伴而行，如同虎皮状斑纹，俗称"虎斑心"。

2. 绵羊痘

（1）临床特征　在皮肤和黏膜上发生特殊的痘疹，可见到典型的斑疹、丘疹、水疱、脓疱和结痂等病理过程。

（2）诊断　可采丘疹组织涂片，莫洛佐夫镀银染色法染色，在胞浆内可见有深褐色的球样圆形小颗粒（原生小体）。

3. 小反刍兽疫

（1）流行病学　主要感染小反刍动物，发病率高（100%）、死亡率高（50%～100%）。

（2）临床特征　发热、口炎、腹泻、肺炎。

（3）特征性病变　特征性出血或斑马条纹常见于大肠，特别在结肠直肠结合处。

4. 蓝舌病

（1）流行病学　主要发生于绵羊；主要通过库蠓传递。

（2）症状　口腔黏膜充血、发绀，呈青紫色；口腔连同唇、齿龈、颊、舌黏膜糜烂；有时蹄叶发生炎症，出现跛行。

（3）病变　有的绵羊舌发绀，故有蓝舌病之称。心脏有出血点，肺动脉基部有时可见明显的出血斑，有一定的证病意义。

5. 牛病毒性腹泻/黏膜病

（1）临床特征　白细胞数量严重下降，鼻腔、口腔糜烂、坏死和腹泻，流产（畸形胎，小脑发育不全）。

（2）特征性病变　食管黏膜呈条纹状（线状）糜烂。

6. 牛流行热（三日热）

（1）流行病学　流行呈周期性（3～5年）、季节性（7—10月）。

（2）临床特征　突发高热，流泪，流涎，呼吸急促，四肢运动障碍，跛行，发病率高，死亡率低。

7. 牛传染性鼻气管炎（红鼻病）

临床特征：呼吸道黏膜发炎，鼻黏膜高度充血、溃疡而称为"红鼻子"，流鼻液，咳嗽和呼吸困难等；还可引起脑膜脑炎、结膜炎和角膜炎、生殖道感染、流产等。

8. 牛结节性皮肤病

（1）临床特征　淋巴结肿大，胸下部、乳房、四肢和阴部常出现水肿，尤其四肢肿大明显，体表皮肤形成坚硬的结节或溃疡。

（2）剖检特征　多个组织内有结节，受损细胞内可见到嗜酸性包涵体。

（3）防治　无特效疗法，发现感染牛及时扑杀处理。可以通过接种山羊痘疫苗预防。

9. 炭疽

（1）病原特点　竹节状，只有暴露在空气中才能形成芽孢。

（2）特征性症状　尸僵不全，天然孔流血，血液凝固不良，呈煤焦油样。

（3）严禁解剖，诊断方法用炭疽环状沉淀试验（Ascoli 试验）。

10. 布鲁氏菌病

（1）病原　沙黄-亚甲蓝染色（柯兹洛夫斯基染色）时，本菌染成红色，其他菌染成蓝色。

（2）症状　母畜发生流产；公畜睾丸炎，附睾炎、关节炎；

（3）诊断　血清凝集试验是牛羊布病检疫的标准方法。

11. 结核

（1）病原　姜-尼抗酸染色法：本菌呈红色，其他菌呈紫色。

（2）病变　多器官组织形成结核结节，切面干酪样坏死；钙化后切开有沙砾感。

（3）诊断　用结核菌素做变态反应检查。

12. 羊梭菌病

病名	发病年龄	病原体	特征性症状
羊快疫	绵羊，多见于6~18月龄	腐败梭菌	真胃黏膜呈出血性坏死性炎症
羊猝狙	成年绵羊	C型产气荚膜梭菌	①小肠出血性炎；②肾肿大，不软；③死后骨骼肌气肿疽
羊肠毒血症	绵羊	D型产气荚膜梭菌	腹泻、惊厥、麻痹，突然死亡，死后肾脏软如泥
羔羊痢疾	初生7d内羔羊，2~3日龄羔羊发病最多	B型产气荚膜梭菌	剧烈腹泻和小肠发生溃疡，出血性肠炎（血肠子）

13. 牛巴氏杆菌病（"牛出败"）

（1）病原　革兰氏染色阴性；用碱性亚甲蓝着染血片或脏器涂片，呈两极浓染。

（2）症状　败血型：腹痛、腹泻，有时鼻孔和尿中有血。浮肿型：咽喉部、颈部及胸前皮下出现炎性水肿。肺炎型：胸部叩诊有浊音区，肺部听诊有支气管呼吸音、水泡音、胸膜摩擦音。

（3）病变　败血型：内脏器官充血、出血。浮肿型：咽喉部、下颌间、颈部与胸前皮下有黄色胶样浸润。肺炎型：肺组织切面呈大理石样，胸腔积聚大量有絮状纤维素的浆液。

14. 牛传染性角膜结膜炎

（1）病原　牛莫拉菌（牛嗜血杆菌）是牛传染性角膜结膜炎的主要病菌。

（2）流行特点　犊牛发病较多；主要发生于天气炎热和湿度较高的夏秋季节；秋家蝇是主要传播昆虫媒介；青年牛群的发病率可达 60%～90%。

（3）临床特征　初期有结膜炎、角膜炎的一般症状，严重病例角膜增厚，并发生溃疡，形成角膜瘢痕及角膜翳。

（4）防治　可用硼酸水洗眼、蛋白银溶液滴眼，也可滴入青霉素溶液或涂四环素眼膏。

15. 牛传染性胸膜肺炎（牛肺疫）

（1）病原　支原体，取鼻腔拭子，接种于 10% 的马血清马丁琼脂，可见"煎荷包蛋"状小菌落。

（2）特征　纤维素肺炎和胸膜炎。

16. 皮肤真菌病（癣）

（1）病原　疣状毛癣菌是最常见的病原体，其次是须发毛癣菌。

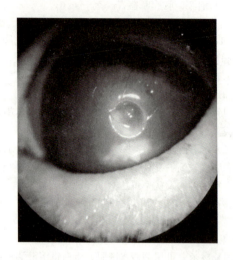

　　（2）临床特征　圆形或卵圆形区域结痂和脱毛是癣的典型症状，头和颈部损伤最常见，但病变可出现于全身各处。

犬猫疾病综合考点总结

1. 犬常见传染病

病名	病原	症状
狂犬病	弹状病毒科、狂犬病病毒属，RNA 病毒	恐水、流涎、有攻击性；麻痹（死亡）
犬瘟热	副黏病毒科、麻疹病毒属，单股 RNA 病毒	双相热、肺炎、消化道症状、神经症状、角质化
细小病毒	细小病毒科、细小病毒属，DNA 病毒	白细胞减少、出血性肠炎（心肌炎）
传染性肝炎	Ⅰ型腺病毒	黄疸、蓝眼；出血素质，消化不良
冠状病毒病	冠状病毒，RNA 病毒	脱水（小肠绒毛）

2. 猫常见传染病

病名	病原	症状
猫瘟	单链 DNA 病毒，细小病毒	双相热、WBC 减少，便血
猫白血病	双链 RNA 病毒，白血病毒	免疫抑制、贫血和淋巴瘤
猫病毒性鼻气管炎	双链 DNA 病毒，疱疹病毒	上呼吸道、结膜或角膜炎、口腔溃烂
猫杯状病毒感染	单链 RNA 病毒，杯状病毒	肺炎、结膜炎、角膜炎、流涎
猫传染性腹膜炎	单股 RNA 病毒，冠状病毒	腹水

其他动物疾病综合考点总结

(一) 兔病

兔病毒性出血病

（1）俗称 兔瘟。

（2）特征 体温超过41℃、兴奋、呼吸系统出血、肝坏死、实质脏器水肿、淤血及出血性变化。

（3）流行病学 2月龄以上兔易感。

（4）诊断 血凝与血凝抑制试验、琼脂扩散试验等。

(二) 蜂病

	美洲蜜蜂幼虫腐臭病	欧洲蜜蜂幼虫腐臭病
发病时期	7日龄＋大蛹虫或前蛹期	2～4日龄的小幼虫
症状	幼虫体色变化：变为褐色。虫体干瘪成鳞片状物	3—4月和8月至次年1月易发。感染后4～5日龄死亡。幼虫体色变化：变为褐色。幼虫扭曲，无黏性鳞片，有酸臭味

（续）

	美洲蜜蜂幼虫腐臭病	欧洲蜜蜂幼虫腐臭病
病变	病蜂伸出"吻"及烂虫拉"丝"	脾面有花子。不见封盖子
诊断	"拉丝"；干虫尸紫外光下产生荧光；牛乳试验	脾面花子；幼虫扭曲；肠内容物染色可见病原菌

图书在版编目（CIP）数据

执业兽医资格考试考前速记口袋书：兽医全科类 / 徐亮主编 . —北京：中国农业出版社，2023.9（2025.2 重印）

ISBN 978-7-109-31031-5

Ⅰ.①执…　Ⅱ.①徐…　Ⅲ.①兽医学—资格考试—自学参考资料　Ⅳ.①S85

中国国家版本馆 CIP 数据核字（2023）第 157587 号

中国农业出版社出版

地址：北京市朝阳区麦子店街 18 号楼　　邮编：100125
责任编辑：武旭峰　刘　伟　　　　　责任校对：吴丽婷
版式设计：王　晨　　　　　　　　　责任印制：王　宏
印刷：中农印务有限公司　　　　　　版次：2023 年 9 月第 1 版
印次：2025 年 2 月北京第 2 次印刷　发行：新华书店北京发行所
开本：889mm×1194mm　1/64　　　印张：5.875
字数：207 千字
定价：60.00 元
